青少年有哪些自助的方法？

对于有困扰的青少年来说，最佳的自助办法就是和别人分享自己的烦恼。

另一种经常用到的方法则是分散注意力，常见的活动有散步、去健身房锻炼、骑自行车或玩游戏等。体育锻炼是一种天然的抗抑郁剂，户外运动的效果更佳，所以在公园里散步常常能让人感到放松、平静和踏实。听舒缓的音乐或是做一些有创意的事情，比如制作一件艺术品，也能达到同样的效果。

享受日常生活自然是好，但长期来看，更为重要的是实现自己的人生意义，在挫折或痛苦中找到目标，围绕目标构建生活。一个人如果觉得自己所做的一切都有意义，余生可能就会变得井然有序。

如果能把抑郁视作人生中一段有价值的旅途，而非一种精神疾病，那么身患抑郁症就并不一定是坏事。抑郁发作可能是人生的转折点，需要我们在此刻反省自身，获得成长。

难点问答

孩子为什么会出现自杀念头？

青少年出现自杀念头要比人们想象中更为普遍，与他人争吵、人际关系破裂或考试失利都有可能成为诱因。通常情况下，自杀念头都有预兆。因此每当孩子谈论死亡或自杀，都必须认真对待。许多青少年在与父母争吵后试图自杀，是因为他们的内心充满愤恨。失控和无助的感觉让孩子想到了利用自杀来扭转局面，帮助自己重新获得对人生的控制权。他们会想，父母到时就会感到无能和无助，而自己就大获全胜了。也有一些试图自杀的青少年觉得别无他法，只能用这种方式让那些折磨自己精神的人闭嘴。还有许多年轻人在经历绝望后产生了立刻自杀的想法，比如分手、考试失利或父母去世。

从本质上看，有自杀想法的人丧失的是象征性思维。在象征性思维中，人们会用符号或内在表象来表示不存在的物体、人物和事件。当孩子深陷抑郁深渊，丧失了象征性思维时，就会觉得内心的迫害者是真实存在的。在这种情况下，孩子需要花费额外的精力来摆脱这些迫害者，否则就会觉得自己别无选择，只有结束生命才能换来解脱。我们需要告诉孩子，他的自杀想法并不能定义他是谁，相反，这些想法是附加在他身上的，就像抑郁症的症状一样，是可以摆脱的。

理健康养育

YOU ARE NOT ALONE

孩子,你并不孤单

［新］彼得·麦克博士（Dr. Peter Mack）◎著
文　毅　孙　瑾◎译

人民东方出版传媒
People's Oriental Publishing & Media
东方出版社
The Oriental Press

图书在版编目（CIP）数据

孩子，你并不孤单 /（新）彼得·麦克博士（Dr. Peter Mack）著；文毅，孙瑾译 . —北京：东方出版社，2022.2

书名原文：You Are Not Alone

ISBN 978-7-5207-2524-8

Ⅰ . ①孩… Ⅱ . ①彼… ②文… ③孙… Ⅲ . ①青少年 – 抑郁 – 研究 Ⅳ . ① B842.6

中国版本图书馆 CIP 数据核字（2021）第 280681 号

The Simplified Chinese translation rights arranged with Marshall Cavendish International (Asia) Pte Ltd through Rightol Media.

（本书中文简体版权经由锐拓传媒取得 Email:copyright@rightol.com）

中文简体字版专有权属东方出版社

著作权合同登记号 图字：01–2021–6495 号

孩子，你并不孤单
（ HAIZI, NI BINGBU GUDAN ）

作　　者：[新]彼得·麦克博士（Dr. Peter Mack）
译　　者：文　毅　孙　瑾
策　　划：鲁艳芳
责任编辑：王若菡
出　　版：东方出版社
发　　行：人民东方出版传媒有限公司
地　　址：北京市西城区北三环中路 6 号
邮政编码：100120
印　　刷：北京联兴盛业印制股份有限公司
版　　次：2022 年 2 月第 1 版
印　　次：2022 年 2 月第 1 次印刷
开　　本：880 毫米 ×1230 毫米　1/32
印　　张：6.25
字　　数：101 千字
书　　号：ISBN 978-7-5207-2524-8
定　　价：45.00 元
发行电话：（010）85924663　85924644　85924641

超过 5% 的新加坡人曾在一生中的某段时间身患抑郁症，在新加坡和西方国家，抑郁症都是最常见的精神疾病。彼得·麦克博士是一位卓有成就的肝胆外科医生，他对心理健康领域兴趣浓厚，接受过专业的回归治疗培训，擅长帮助人们有效克服情绪问题。像麦克博士这样具有心理健康意识的外科医生是十分罕见、极其可贵的。他是一位极具天赋和同理心的医生，能够同时兼顾病人的身心健康。通过讲述抑郁症患者的亲身经历，麦克博士揭开了抑郁症的神秘面纱，以期减少公众对抑郁症这一常见疾病的误解和谣言，也为心理健康教育事业做出了巨大贡献。我向各位家长、老师、辅导员以及所有关心抑郁症患者的人强烈推荐此书。

莱斯利·林（Leslie Lim）
新加坡中央医院精神病学高级顾问
《抑郁症：被误解的疾病》作者

本书饱含对青少年的深切关怀与关爱，通俗易懂，发人深省。

卡罗尔·洛伊（Carol Loi）
遗传咨询师

前　言

本书面向所有希望对青少年焦虑和抑郁有更深入了解的家长、老师和看护人。养育患有焦虑症的孩子，就像踏上一场未知的旅程。不管我们自认为有多了解焦虑，面对孩子的种种抑郁表现，仍会感到难以理解。每次看着孩子焦虑不安，却无从知晓是什么原因把他们推向崩溃边缘，很多人都暗暗希望自己能手握一个控制情绪的旋钮，拧一下就能帮助孩子减轻焦虑。

与焦虑的孩子打交道时常会让人恼火，尤其是当他们对父母提出额外的情感需求的时候。记得许多年前，我在大儿子就读的专科学校参加家长见面会，当时我们在听一位客座心理学家讲青少年成长和发育健康。突然，200人的礼堂里冒出一个问题。"夫人，"那是个绝望的声音，"我儿子正处在青春期，最近不跟我说话了，我应该怎么办？"家长中一阵骚动。几个人转头去看那位提问的女士，气氛一下紧张了起来。随着台上的心理学家开始解释青少年对私人空间的需求，气氛才逐渐缓和下来。

　　这件事让我意识到，抑郁的孩子可能也会使父母产生情绪上的波动。我有些同事的孩子患有抑郁症，他们告诉我，看着孩子被困在看不见的痛苦和焦虑之中，自己也备受煎熬。最近，有些母亲跟我说，她们担心自己正在上学的孩子太过焦虑，产生自杀的念头。这让我萌生了为抑郁症孩子的父母写一本书的想法。

　　作为父母，我们都希望自己的孩子成龙成凤。但当我们发现孩子内心饱受煎熬、苦苦挣扎、迫切期望得到父母理解的时候，会和孩子一样感到绝望。渐渐地，我们意识到，应该把孩子当作普通人看待，理解他们只是在摸索如何应对自己的痛苦，渴望与自己亲近的人建立联系，表达爱。遗憾的是，作为父母，孩子有时会占据我们的全部注意力，我们为孩子的情感治愈和健康成长搭建了安全的庇护所，但孩子的行为却频频让我们心碎。因此，有时我们会感到困惑，不知该如何理解孩子内心的挣扎。

　　我在计划撰写此书时，曾有人让我关注过一篇报道。报道中提到一个 11 岁的小学生，在第一次考试不及格之后，选择了自杀①。他没有勇气面对父母的失望，而是选

---

① 详见《海峡时报》www.straitstimes.com/singapore/courts-crime/ 第一次考试不及格，11岁男童从 17 层坠亡。

择从组屋①17楼的卧室窗户跳下，结束了自己的生命。据说，上小学的前四年，母亲一直期望他每科考试至少拿70分（满分100分）。达不到70分，母亲就会用手杖打他的手，每少一分打一下。相反，如果表现好，母亲也会奖励他一份礼物。不幸的是，这种做法最终酿成了悲剧。

2016年5月12日，男孩拿到了期中考试成绩单，发现自己的英语、汉语、高级汉语和数学分别只有50分、53.8分、12分和20.5分，他变得很焦虑。他告诉母亲这次考试成绩"中等"，想要蒙混过关。作为回报，母亲给他买了一只风筝作为礼物。四天后，他拿到了科学课的卷子，只有57.5分。随着学校留给家长确认成绩的期限逐渐临近，孩子也变得越来越紧张。5月18日，这个孩子被人发现死在公寓楼下，身上多处骨折。母亲痛苦不堪，她自认对孩子没有什么过高的期望，不明白孩子为什么会选择自杀。

这个故事让我感到不安。我意识到，把孩子当成小大人，按照成年人的行为准则来加以约束，可能非常不妥。这个幼小的生命要想得到父母的爱，就必须满足某些条件，必须达到父母从自身利益出发设置的标准。孩子的压

①新加坡组屋多提供给中下阶层及贫困家庭居住。——译者注

力被无形地放大了。孩子无法理解，为什么必须做出点成绩，才能免于在父母那里遭罪，又或者说，为什么让父母失望了，就必须感到羞愧，不被父母善待。相反，孩子很清楚，每次受到惩罚时，他的人格尊严和被父母善待的权利就会被剥夺。深思熟虑后，我决定以"无条件的爱"这一主题作为本书的出发点。

我们在努力为孩子创造茁壮成长环境的同时，需要认识到父母的爱在孩子自尊心建立过程中发挥的重要作用。我们还需要意识到，在如今竞争激烈的社会环境和严苛的教育体系之下，孩子往往会对失败非常敏感，也容易士气低落。

当我开始着手写作本书时，我结识了一位身患抑郁症的年轻人。她是个被领养的孩子，生活在一个富裕家庭。尽管她得到了所有的物质财富，但她觉得养父母没有充分倾听她的心声，她也没有被爱的感觉。她愿意相信，自己精神困境的根源在于被亲生父母抛弃。抑郁症加重后，她选择割腕来疏解。

听了这个故事，我进一步提炼了本书的中心主题，除了爱，还要倾听抑郁症孩子的心声，并且学会辨识抑郁症。毕竟，父母是孩子心中最有影响力的榜样。父母理解事物的方式、解决问题的方法、应对挑战的态度，都会影响到孩子。如果父母能够更好地理解孩子的内心世界，孩子就会懂得回报，成长为更具同情心、更加坚强的个体。

在当下快节奏的社会，不难理解读者们多倾向于选择通俗易读的书，用最短的时间和最少的精力快速找到解决问题的方法。因此，我将本书的篇幅控制在了合理的范围内，但功用不仅限于指南，而是让读者深入了解青少年抑郁症的根源，以及如何进行干预，避免发生不幸。读者们会明白，在养育孩子的过程中，帮助孩子找到应对生活挑战的方法，将是自我成长的重要一课。

虽然人的内心世界极为复杂，但本书将尽量采用通俗易懂的表述方式。必要时，也会选摘部分受访者的记录。他们都曾在青春期身患抑郁症，如今已全然康复，也乐于分享自己的经历和曾经面临的挑战。

目录 | CONTENTS

青少年的焦虑与抑郁

焦虑对孩子而言是很严重的问题。作为父母，我们许多人不以为然，觉得这是孩子成长的必经之路，告诉自己孩子焦虑是正常的。我们总是假设随着孩子慢慢长大，焦虑就会消失。但在这一过程中，我们忽略了一个重要的事实，那就是孩子年龄还小，还没有积累足够的生活经验和技巧来应对焦虑。他们不知道应该如何面对这种痛苦，这让他们感到无助、脆弱，甚至是绝望。如果没有大人的帮助，绝望的感觉会把他们推向绝境、引发抑郁症。等到了这个阶段，家长们可能会惊恐地发现，有些孩子已经在通过自我伤害来应对焦虑了。

焦虑有哪些表现

孩子焦虑的表现不仅仅是精神紧张，他们的身体、情感和精神各方面都会受到影响，表现出的症状也多种多样，比如害怕生活失控，或是忘记在学校学过的内容。孩子焦虑时处于一种紧张、不安或是恐惧的状态，像是预感要发生什么坏事。

通常，我们把恐惧理解为一种在现实情境下对可识别危险的情绪反应。我们会做出强烈的反应，因为恐惧往往是具体的，而且需要紧急应对。如果青少年感觉自己受到了威胁，就会产生一种不愉快的、无对象的、扩散性的焦虑。

我记得自己小时候第一次焦虑是在七岁。那天早上，我突然精神紧张，也没什么特别的原因，强烈的躁动伴随着紧张和对学校环境无以言表的恐惧。我觉得自己有些反常，不太对劲，好像发烧了。老师同意让我回家休息。之后，我测了体温也正常，但焦虑和恐惧的感觉持续了一整天。我好像是在恐惧什么迫在眉睫的危险带来的威胁，但这种威胁并不真实存在。我也不明白自己为什么会有这种感觉。

这次经历恰好体现了应对焦虑的最大难题——识别其来源。我们很难清楚地了解引起焦虑的原因，因为躁动的精神状态具有持久性和普遍性。通常这种焦虑感会在孩子心里停留很长一段时间，让他们感到不安和疲惫。对于孩子的焦虑，父母大多选择不相信、怀疑，或只是把它看作孩子成长的必经阶段就忽视了。

我们要知道，孩子焦虑发作时，大脑中的逻辑分析功能已经停摆，而情绪因素占据了上风。这种情况下，想要依靠理性分析帮孩子走出焦虑，并不会有太好的效果。我们能做的，是教给孩子一些管理焦虑的方法。

焦虑症通常表现为头晕、出汗、咽喉肿痛、口干、心悸或恶心。有时症状不太明显，也会出现颓丧、搓手、抖腿等反应。这些症状会给孩子灿烂的童年蒙上阴影，让他们觉得事情正在失控。他们可能会因此受到惊吓，希望父母感受和了解自己的痛楚。因此，富有同理心的倾听，对缓解孩子的焦虑是很有帮助的。

有时孩子外表看起来很正常，但内心却在呼救，此时千万不能视若无睹。如果孩子焦虑症发作，有一种应急处理方法，就是静下心来，和孩子一起深呼吸。深呼吸对大脑有镇静作用，只有冷静下来，我们才能更好地帮孩子找到解决办法。

对孩子来说，知道自己并非独自一人面对焦虑，还有其他人能理解自己，会是一种安慰。要让孩子意识到，忧虑只是一种再正常不过的情绪反应，是一种保护机制，有助于他在危险中生存。孩子要做的，只是找到一种方法，来处理这一保护机制引发的错误警报。

情绪可以寄居在潜意识之中，因此有一种处理焦虑的方法就是利用潜意识中的创作潜能和幻想的力量。总体思路是塑造孩子感知自己情绪的方式，比如拟人化（本章最后一节将详细阐述）。拟人化是一门把孩子的情绪特征进行拟人化表达的艺术，鼓励孩子以艺术化的形象表现自己的焦虑，或是干脆创造卡通形象来将焦虑拟人化。创造这样一个角色，可以让孩子在焦虑时产生的可怕生理反应变得不再神秘。这一过程还可以重新激活孩子大脑中的逻辑分析功能，让大脑重回理性。有了这一方法，孩子就可以将更多的情感、幽默、真理和人文品质融入无生命的事物，与事物建立联系。这些联系让孩子得以切换视角，用象征的形式看待自己的焦虑，也能让孩子更好地了解如何面对世界。

不易察觉的悲伤与抑郁

焦虑和抑郁在生活中很常见，两者经常同时出现。当下的生活方式讲求高效、高产和快节奏。我们每日奔波劳碌，还要承受巨大的压力，生活中充斥着快餐、催人的邮件、高速的网络下载和紧迫的工作期限。小长假到最后往往变成了短假，每天被手机上的聊天信息淹没，人们不自觉地越来越繁忙，身心俱疲。

在这种快节奏的环境中，身患抑郁症的孩子因为年纪太小，还无法理解自己的心理动态，所以很容易陷入悲伤和自卑之中。孩子身边的朋友们可能发现他变得不那么健谈了，对生活的兴趣也在减弱。过去想要的东西，现在已经不再迷恋，也变得不再重要。孩子可能早上很难起床，常为琐事感到不安，也可能无缘无故地感到焦虑或是心情不好，注意力不集中，什么都懒得做，感到极度疲劳或懒惰。他不再厌恶死亡，甚至会产生自杀的念头，觉得即便没有自己，家庭和学校还是会照常运转。

　　作为父母，我们经常被一种常见的观念误导，觉得抑郁的孩子外表看上去会很悲惨。但事实并非如此，抑郁并不总是易于察觉。焦虑的人通常很难找到自己紧张情绪的来源，而与焦虑和压力作斗争的孩子往往也不会引起大人的注意。有些孩子能够装出健康的心理状态来保护自我形象；有些孩子则会易怒、极度疲劳或难以回应他人的关切，对过去喜欢参加的活动现在只会冷眼旁观，常为琐事哭泣。

　　辨识青少年的焦虑和抑郁是个不小的挑战，很多孩子的情绪摇摆不定。与焦虑密不可分的是忧虑。忧心忡忡的孩子会被过去的经历所困扰，也会对将来可能发生的事感到焦虑。也许他前一天看上去还快乐自信，第二天就变得孤僻、沉默和幽怨。很难在青少年的情绪波动和抑郁之间划清界限。很少会有人说自己抑郁了，何况这也确实不容易说出口。他们可能只会简单地说自己累了、对所做的事感到无趣或者厌烦。孩子很难意识到自己身患抑郁症，所以，父母、老师和看护人必须努力辨识孩子的抑郁，并为他们提供帮助。

有些青少年抑郁的症状非常不易察觉，他们有时会抱怨自己的外表、感到孤独，或是失恋后感觉不被别人需要，有时还会表现出对学业、父母或兄弟姐妹的厌恶，但是很有可能过了一会儿又恢复正常了。孩子如果出现一些极端行为，比如异常的饮食习惯或是自残，通常意味着他们已经被情绪压垮了。在这个阶段，显然必须为他们提供帮助。

大多数人认为童年是人一生中最快乐的时光，可以无忧无虑地嬉戏欢笑，放风筝、吃冰激凌、在操场上玩耍。但遗憾的是，现在的孩子生活在一个学习竞争激烈、对考试成绩要求极高的快节奏社会里，他们的童年已经与旧日大不相同了。父母期待孩子在学业和课外活动上都能有很好的表现，所以把课后补习班排得满满当当，孩子同家人一起娱乐和互动的时间自然越来越少，亲子关系也不可避免地变得疏远，这些都为之后父母对孩子情绪变化的疏忽埋下了隐患。和父母的关系越疏远，孩子就会变得越冷漠、越退缩。

成年人和未成年人抑郁症表现的不同之处可能很难发觉。有些孩子确实表现出了典型症状，比如感到悲伤、容易退缩、疏远朋友、拒绝上学、精力低下、食欲缺乏、注意力难以集中。有些孩子可能根本无法表达自己的悲伤，他们只是觉得事情很无聊，无法乐在其中，但有时也会独自一人悄然落泪、否定自己，甚至产生轻生的念头。还有些孩子会表现出易怒和暴躁，而不是悲伤，有时还会显得太活跃，表现得爱争辩、易冲动。这些行为差异，其实正是孩子在青春期不同成长之路的体现。

青春期的挑战

进入青春期，孩子的身体、社交和心理都会发生重大变化。正是在这一阶段，青少年开始形成自己的思想和观点。他们常常对父母缺乏耐心，更喜欢与朋友为伴。但是患有抑郁症的青少年就不仅仅是没耐心了，还会对家人表现出易怒和暴躁的情绪。他们总是很焦虑，却不愿和别人谈及。在这种情绪下，孩子很难完成需要精力高度集中才能完成的任务，这也是他们学习成绩下滑的根源。长此以往，抑郁和自杀念头的闪现会变得越来越频繁。通常，割腕或割伤前臂这类过激的行为可能就是抑郁症的征兆。

每个人在青春期都会面临一些压力，许多成年人觉得这只是一个正常的躁动期。但往往会被人们忽视的是，青少年面临的压力瞬息万变，有时很难确定哪种行为是正常的，哪种行为是较为严重的心理障碍造成的。而问题在于，青春期的经历对一个人的成长和发展具有持久而深远的影响，特别是在自我身份认同、心理稳定性和人际关系方面。

身份认同是孩子在青春期必经的过程，孩子在这一阶段会努力表现和发挥自己的潜力。自我身份认同并不是静态的，它建立在自我概念之上，通过自我奋斗、目标、价值观和期望来实现。这种自我概念是在孩子与人际环境的互动中不断塑造的。自我身份认同最终会帮助孩子在特定的生活情境下，寻求"我是谁"这一问题的答案。在孩子成长的每个阶段，他的身份认同和父母、家人的身份认同都有着密不可分的联系。但随着孩子逐渐从家庭成员中独立出来，这一过程也会发生变化。

瑞秋谈自我身份认同与心理疾病

▼

瑞秋是个二十出头的女孩，因为悲伤过度，曾向我寻求帮助。她有个姐姐是家里的"明星"，而她从很小就被家人当作"替罪羊"。大学毕业后，她决定离开家人，独自生活。随着瑞秋的童年故事慢慢被揭开，可以清楚地看到，亲情的缺失和自我身份认同的不良发展是导致她得抑郁症的元凶。

我姐姐在学校里总是成绩优异，每年都获奖。父母会开玩笑说我是从下水道里捡来的，完全不像知识分子家庭的孩子。他们不停地拿我和姐姐作比较："姐姐是最聪明的，每门课都名列前茅。""妹妹不聪明，学习不好，但她很听话。"我渐渐明白，自己唯一能让父母感到慰藉的优点就是听话。所以，如果我说了或做了什么他们不喜欢的事，就会觉得自己不再是这个家庭的一分子了。

我曾经对自己的身份认同很挣扎，因为在学校里，我可以像个小丑一样，和很多人友好相处，逗他们开心，一起开玩笑。我和周围的朋友都能聊得热火朝天，老师们有时都拿我没办法。但在家里，我特别安静顺从，完全是另外一个人。我觉得自己像个伪君子，最糟糕的是，我甚至不知道哪一个才是真正的我，可能两者都不是。我只知道我需要被爱。事后看来，我觉得当时不管情况多糟糕，为了得到爱，我都愿意成为他们想要我成为的任何人。

不被别人接受让我变得越来越焦虑，连我的朋友都以此为乐。小学四年级时，他们经常捉弄我，假装生我的气，也不告诉我原因。这让我抓狂，让我发疯，于是我开始割伤自己。有时候运气好，他们会在一个星期不理我之后，告诉我他们是在开玩笑，有时这段时间会持续一个月。每次他们那样做，我都会割伤自己。

姐姐变得越来越叛逆，小学六年级后尤为明显，那时我五年级。她成了学校里的恶霸，也开始和父母动手动脚。她惹妈妈生气，妈妈就去厨房，拿刀对着我们，威胁要把我们剁成碎片。这对我来说是极大的伤害。每次吵架之后，姐姐和妈妈都会因为吵架而责怪我。妈妈会说："看，因为你走得太慢，所以我才和你姐姐吵架了。"姐姐会说："看，因为你吃不完，我只能告诉妈妈不要强迫你，所以我们才吵架了。"家人都把我当成家庭纠纷的导火索，特别是妈妈和姐姐，觉得我是个爱招惹是非的人。

我不记得小时候有什么自由自在、能快乐做自己的时光。我从来没有去检查过自己的心理健康状况，唯一一次别人说我可能有焦虑问题，是在 20 岁上大学的时候。当时我的胸口持续疼了 8 个月，有时疼得我站不起来。我记得最糟糕的一次是因为胸口疼得厉害，在过马路时直接晕倒了。我去过医院急诊很多次，医生做了各种各样的检查，查了心脏、肺和其他器官，都没发现问题。有位医生觉得我的症状是与压力有关的精神紊乱，可能是焦虑症，想给我开百忧解。但是我在大学学的是心理学，知道这种药的副作用很大，所以拒绝了他的处方。

心理稳定性是指在外部不断变化的环境压力之下，人的情绪保持相对恒定和连续的状态。这种稳定性确保了个体在面对未知经历时行为的一贯性，是一种获得自我在家庭中定位的功能。心理稳定性的表现会受到冲突处理能力的影响。对年幼的儿童来说，心理适应的主要问题在于与父母以及兄弟姐妹的关系；对青少年来说，则主要关注性成熟和即将成年的情绪准备。

孩子在成长过程中的焦虑变化与人际关系密切相关。我们都知道，刚出生的孩子和母亲的关系尤为紧密。通常，五六岁以下的孩子做什么都会想着父母是否准许，父母的话对他们来说就是道德准则。孩子之所以会这样做，是因为希望被爱。这是孩子不问缘由地尊重"家法"的原动力，听从父母的意愿和要求主导了孩子的内心世界。

接下来，孩子渐渐长大，有了自己的想法，想自己做主了。孩子开始建立自尊心，如果做了什么与自己的期望相违背的事，可能会感到内疚和羞耻。原本属于父母的期望现在变成了孩子内心需求的一部分。

童年时期的心理干预常常会给成年后的生活带来麻烦。许多孩子从小就有心理问题，却没有被大人及时察觉，因为他们总是遵从外界的期望。大人通常觉得善良安静的孩子不会给任何人带来麻烦。所有的家长和老师都喜欢这样的孩子，因为他们听话，总是毫无怨言地去做任何事。然而，如果仔细了解这些孩子，可能会惊讶地发现他们没有朋友，甚至会偷偷地哭。更糟的是，他们可能无法向别人表达自己的痛苦，因为大人希望他们坚强。

到了青春期，孩子意识到，小时候那些为了得到父母认可所做的行为现在没有用了，他们需要得到同伴的认可和赞同。所以，孩子必须用同龄人可以接受的方式来行事，否则就有可能遭到同龄人的排挤。孩子会感到孤独、悲伤，觉得自己是一个失败者，甚至开始怀疑自己是不是天生就有什么问题。

在成长阶段，青少年可能会选择对自己抱有期望的小伙伴，这些朋友会增强他成为大人的意愿。这些孩子不再是妈妈眼中的小孩了，他们想成为对自己的生活负责的人。这是走向成熟的重要一步。孩子如果能感觉到自己的想法和感受，并且不受到父母反应的影响，就会迈出积极的第一步，与父母实现情感分离。

有时，青春期的孩子会突然出现心理崩溃，让父母和老师感到意外。也许才华横溢的孩子到了青春期，考试会突然不及格；也许平时行为正常的孩子会突然自杀，原因不明。这些行为让人目瞪口呆。在这些孩子的内心深处，可能一直感到困扰，觉得自己孤身一人，成绩不理想，不能正常成长，悲伤也无人理解。

与充满安全感的家相比，学校的氛围总体上来说还是紧张的。在这里，老师会对孩子进行评判，他们还必须适应同龄人的生活，否则就有可能被欺负。每当事情进展的理想状态与现实状态发生冲突时，人们就会产生情绪。我们总是会为了生活中发生的事情和所做的选择而折磨自己，我们的大脑也总是会以一种奇特的方式紧紧抓住情感痛苦不放。但当孩子的情感痛苦不断升级，开始影响其在学校的表现时，情况就比较麻烦了。

父母往往把孩子看作私人财产，过于看重为孩子提供衣食保障的责任。所以在成长过程中，很多父母都只看到了孩子在做什么，却没有倾听他们的心声。如果孩子做了一些超出父母接受范围的事情，就会被强行拉回父母觉得正确的轨道上。这样反复几次，孩子就学会了把想法藏在心里，慢慢地失去独立思考的能力。

有些父母表现得好像自己有权代替孩子做一切决定。父母希望孩子遵守他们定下的每一条规矩，包括大学、职业和朋友的选择，这绝对是专制型教养方式的"精髓"。父母觉得他们比孩子自己更了解孩子，无论做什么决定都是为了孩子好。慢慢地，孩子就会觉得自己的个性都是被别人塑造的，自我成长也失去了意义。在孩子的社交面具之下，是他隐藏的阴影面——那是一个受伤的、悲伤的、被孤立的自我，孩子内心压抑的声音也会随之浮现。

战胜反刍思维

抑郁症绝不仅仅是思维中出现的简易错误程序。一旦身患抑郁，通往未来的旅程就被按下了暂停键。患者觉得自己被困住了，没有未来可言。时间的流逝可能只是对过去的沉闷重复，由于缺少一个可预期的未来或一个坚定的自我，抑郁症患者很快就会失去活力。那是一种由内产生的悲伤状态。对抑郁症人群而言，悲伤是一种生活方式。前景总是阴郁的，他们会不停地思考各种令人不安的情况，也会在脑海里翻来覆去地重放这些问题。

抑郁症患者的思维方式通常与理性背道而驰，也缺少对生活的热情。对他们来说，事情看起来都"不对劲"。抑郁症患者在自我表达方面有困难，只是与其他人进行简单的交谈可能就会感到挣扎，就像有一堵玻璃墙把他们与世界隔离开来。即便是晴天，周围的世界也显得阴暗不堪。他们会无缘无故地哭泣，甚至只是为了一些无关紧要的小事。就算笑，也显得僵硬和尴尬。他们的感官迟钝，味觉麻木。过去发生的每一次失败和不好的回忆都会经常在脑海中浮现。泛滥的负面情绪耗尽了他们的力气，对生活的热情也消散了，只能惨淡度日。最糟糕的时候，他们会觉得自己宛如行尸走肉，或者最好真的一死了之。

人在高压之下很难保持清晰的思路，更不要说处理问题、解决问题和做出决策了。在这种情况下，即便是日常情境下的时间压力、工作负荷或人际冲突，也会降低个人效率。压力之下，人们可能会在脑海中反复思考某一想法或某一场景，希望对自己的处境有一个新的理解，以帮助自己继续前行。

　　当思维反刍①开始出现，患者会围绕某个特定主题出现持续不断、反反复复的想法，这些想法转移了注意力，使他无法专注于手头要处理的事务。即使是在对手头的问题毫无帮助的情况下，也经常会出现思维反刍。更棘手的是，这一过程会持续较长时间，支配患者的精神生活。那些令人讨厌的想法反反复复出现，是患者不快乐的主要来源，也进一步削弱了他们解决问题的能力。

　　思维反刍通常是对悲伤的一种反应，但反刍的人往往会认为自己能通过这　过程获得洞察力。然而事与愿违，这种反复出现的想法会加剧原本就较为强烈的不自信和痛苦，继而提高焦虑水平，延长抑郁发作时间，消极思维还会进一步削弱患者解决问题的能力。

　　要想克服思维反刍可能会很困难。作为父母和看护人，首先需要帮助孩子识别恐惧，引导他们放弃无法控制的事物。孩子必须明确哪些事物是自己能够改变的，这样就可以列出一个目标清单，做出适当的改变。帮孩子搞清楚最糟糕的情况会是什么样也有益处，如果孩子觉得自己能处理好最糟糕的情况，也许便不会再沉浸在当下的思绪里了。

---

① 思维反刍指重复被动地思考，是抑郁症患者的主要特点。——译者注

多引导孩子想想结果很好的事情，有助于把他们的注意力拉回积极的记忆网络，带他们走上一条不同的思维路径。孩子可能会想看一些承载过去快乐回忆的照片，让自己回想起那些幸福快乐的时光，以及所有与之相关的身体感觉。他们可能还想去能回忆起过去美好经历的地方散散步，这也能进一步帮助孩子进入积极的状态。

家长和看护人要明白，抑郁中的绝望并非关乎失去的人或物，而是关乎孩子自己。如果一个年轻人和他的女朋友分手了，让他绝望的不是女朋友，而是没了伴侣陪伴的自己。同样，如果一个女孩失去了母亲，失去母亲的痛苦会勾起她和母亲在一起的回忆。她会被束缚在回忆里，感到无法自拔。母亲的目光曾经能让她坚定地知道自己是谁，而现在却再也不可能了。

我记得曾有个大学生，在得知自己最要好的朋友自杀后，深陷绝望[1]。他时常在空旷的户外散步，望着一颗闪烁的星星。他觉得那颗星星是死去的朋友在天上向他问好。失去挚友的痛苦让他产生了幻想，觉得那位朋友还和他存在于同一个世界里。

失业是来自外部环境的另一种伤害，也会引发抑郁的

---

[1] 完整的自杀故事在作者此前出版的《弯而不折：失败的启示》（*Bend Not Break: Learning from Loss*，2016）一书中有详细阐述。

危机。失业失去的其实是自我价值和自我肯定。本章随后还会讲述露西女士的故事，她在30多岁时失业，经历了抑郁，随后通过冥想治疗得到了治愈。

还有很多抑郁症患者无法应对危机。他们可能不知道自己想要什么、害怕什么、期待什么，但会装出一副很清楚自己是谁的样子，这似乎是他们向各种不确定性屈服的唯一选择。问题是，伪装会让人陷入欺骗的状态，展示给外部世界的人物角色和内心的隐藏自我并驾齐驱，不知不觉中，他们就会变得不知道自己是谁，也不知道自己想要什么了。

慢性病无论是在身体上还是情感上，对人的生活都有很大影响。据悉，每三个患有重大慢性疾病的人中就有一个抑郁症患者。这些患者不知道自己身上发生了什么事，也不知道努力恢复的过程已经持续了多久。恐惧、孤立和失控是常态，可能只有出院回家后他们才有时间反思自己。慢性病给他们的生活带来了巨大的变化，他们无法做自己喜欢的事情，也对未来失去了自信和希望。

虽然不同的慢性病患者经历的康复过程不同，但大多数患者都会在某个阶段出现情绪化的反应。他们经常会问："为什么是我？""如果我挺不过去怎么办？"对大多数患者来说，弄清楚自己身上到底发生了什么是一个漫长、渐进、支离破碎的过程。他们可能既想知道自己康复过程中的每个细节，同时又希望忘记痛苦，继续前行。

卡罗尔谈慢性病与抑郁症

卡罗尔从十几岁起就一直患有免疫系统疾病，也因此患上了抑郁症。最近，除了身体上的压力，她还情绪低迷，因为她的母亲去世了。她和我分享了年轻时一些更为痛苦的工作经历。

在我 17 岁的时候，身边的同龄人都还在享受生活，而我却不得不与疾病作斗争：我被确诊患上了红斑狼疮。我不得不面对的事实是，余生的每一天都要坚持服药，还得应付由药物副作用引发的一些并发症。这些病痛令我身心俱疲。我真的很沮丧，每次出门妈妈都让我裹得严严实实的，戴上帽子做好防护。

我努力学习，拿到了"优秀"的好成绩，得以进入科学系学习我最喜欢的学科——植物学。我的大学时光很快乐，直到毕业做出职业选择的时候，我决定加入园林行业。事实证明，这对我来说是很大的挑战，尤其是在求职的过程中，我告诉面试官我对阳光很敏感，因为我患了红斑狼疮。而我得到的回复往往是这些质疑："如果你不能晒太阳，怎么能在园林行业工作呢？""如果你不能承受过度的压力，怎么能好好工作？"

求职中一次又一次被拒让我很沮丧。我在同学的公司里帮了一阵子忙，最后终于得到了全职工作。我很有自知之明，很感激有人愿意给我一份全职工作，所以主动提出和只有毕业文凭的人拿一样的工资，但实际上我也拿到学士学位了。这个决定让我很后悔。后来，我常常因为自己那点可怜的薪水而感到沮丧，在我的校友们开着车、刷着卡、去旅游胜地度假的时候，我却忙于和承包商谈业务、监督绿化种植，要是缺人手，我还得和孟加拉工人一起拔草。我在那里工作了七年都没有得到加薪。朋友们一直唠叨着要我辞职，但他们不明白，我和他们不一样。

因为过度劳累和长期暴露在阳光下，我又一次急性红斑狼疮发作，情况非常严重。一次工作午餐时，我突发癫痫。后来我恢复了知觉，却完全忘记了发生过什么事。我的记忆功能受到严重损伤，世界变得一片模糊，直到今天我都很健忘。

拥抱阴影自我

治疗抑郁症需要患者认真审视自己独特的个性，承认阴影自我 ① 的存在。

作为一个心理学术语，"阴影"起初用来描述一个人性格中的阴暗面，或想要隐藏的特质。它同意识领域之外的未知有所联系，也同我们性格中不被接受的一面有关。因为我们倾向于拒绝自己性格中的这一面，所以人们大都觉得阴影是消极的，有潜在的危险性。阴影无处不在，倘若一直忽视它的存在，就必然会在无形之中受到它的影响。

---

① "阴影"一词最初被卡尔·荣格（Carl Jung）用来描述人格中无意识的部分，也就是自我拒绝、不愿显现的部分。阴影往往很大程度上是负面的，经常被认为是一个人的"阴暗面"。

大多数抑郁症患者都会说自己很快乐，其中不少人看起来也的确很快乐。但独处时，他们可能仍会被空虚感笼罩，也常会回忆起童年时的尴尬经历。这些痛苦的记忆会让人自惭形秽，抑郁症也会在阴影的作用下乘虚而入，把生活中的伤痛无限放大。我们应该让患者正视问题、解决问题，而不是逃避问题。

孩子生来都天真无邪，个性独特。牙牙学语时，孩子直言不讳，毫不在意他人的眼光。随着慢慢成长，当发现自己性格的某些方面不被周围的人认可时，孩子就开始变得羞于当众落泪，耻于博人眼球。日渐成熟后，孩子学会了压抑那些让自己受伤的特质，就像是把这些特质都扔进了背包里，一边把它藏起来，一边又拿起来背在肩上，而这个背包就是我们的阴影①。这一比喻很好地解释了从童年到成年早期的那些阴影是如何形成的。那些不被朋友、家人和社会接受或需要的行为与个性，都被我们丢进了包里。

我们把阴暗面深藏在包里，这样它对我们自己和他人就隐形了。我们从这些看不见的东西里得到的信息很简单：作为背包的人，我们有点不对劲，不值得拥有，也不

---

① 罗伯特·勃莱（Robert Bly）在其著作《一本关于人类阴影的小书》（*A Little Book on the Human Shadow*, 1988）中有关于阴影自我与背包的类比。

够可爱。我们总是倾向于相信这样的信息，还坚信如果我们仔细翻翻包，可能还会发现更可怕的东西。所以，我们不愿打开这个包。

在这个阶段，我们会否认自己的阴影，把负面特质投射到别人身上。有些人身上带有我们恐惧的阴影特质，我们就对这些人表现出敌意。我们常把内心自我否定的东西投射到外界，攻击他人，而自己却视而不见。一旦我们愿意并且能够感知自我隐藏的一面，就是正视自身阴影的开始，也是自我顿悟的时刻。有时在某个觉悟的瞬间，我们会和自己的阴影相遇，两者会自然地碰撞，随后触及意识阈限。

在自我与阴影的碰撞中，首先要面对自我中那些被否定的方面。冲突源于自我将被改变，期望的结果就是"我"能被重新定义，将关于阴影的新认知融入更为全面的自我之中。这就像从战场走回谈判桌，也是推动人生向前迈进的一种有效方式。在阴影融入的过程中，我们会逐渐发现，之前没有察觉到的自我不仅有可能是破坏性的，也有可能是创造性的、启发性的。

这让我们意识到，自我虽然有很多层面，但都彼此关联。很多人都会偶尔感觉内心有一个声音，像是脑海中的旁白。对抑郁的人来说，内心的声音是严肃的、沉重的，这个声音活跃在他们的精神世界里，不仅让他们充满悲伤的想法，还会阻碍他们用更有效的方式思考、做出最佳的选择。这声音可能会告诉他们："你的生活太无聊、太空虚了，任何地方都没有你的容身之处。"或者："你太没用了，你什么都做不好。"抑郁的人似乎总会因为某些事惩罚自己，他们失去了自尊，被消极的思想击溃。这种心声并非幻听，而是一种针对自我的毁灭性思维。

有时，这个声音听起来像是无休无止的评论，诉说着他们当下遭遇的一切。当这些评论的对象瞄向了患者的自我，就会对生活产生非常负面的影响。有时，这个声音又像是内心一场持续的对话，如果此前受到过别人的伤害，这种情况会更常见。他们会在脑海中制造出愤怒的场景，想象自己在愤怒地说话。而这些对话会产生滚雪球效应，一旦情绪被唤起，就会依附于这些对话，加剧焦虑情绪。

潜意识里存在相互作用的不同自我，我们可以借此来理解内心的声音。不同的自我代表了我们适应不同情况和应对不同人群的能力。这种适应并非总是对我们有利，随着长大成人，我们往往会抑制自我的某些部分。因此，当这些自我出现时，我们可能会有点惊讶，不知道应该如何处置。这样的观点有助于我们更好地理解心声的本质，或是根据不同的环境采取不同的应对方式。

比如，自我中的一部分定义了我们希望自己成为什么样的人，以及希望世人眼中的自己是什么样的。这是我们的面具，称为人格面具（persona）。阴影也是自我的一部分，指代潜意识中被隐藏起来的思想、本能、冲动、弱点和令人尴尬的恐惧，这种内心的阴暗面有点类似荒野的混乱环境。此外，还有一部分自我会描述正在发生的事情，试图理解周围的一切，我们称之为自我叙述，它描述了我们的价值观和对世界运作方式的信念。

当孩子渐渐长大，开始学会将事物和情境区分为好的和坏的时，就开始建立自己的阴影自我了。通过与他人的交往，孩子把不被社会接受的特质藏在了内心的阴影里。所以，阴影里包含着被困在人们心中的恐惧、愤怒和无力，也包含着与自我价值、安全感、完整性和爱相隔离的那部分自我。在社会化进程中，是不允许一个人暴露出与社会理想不符的自我的。所以，在学着克服抑郁的过程中，需要认识到那些自己无法接受的个性特征和生活经历。这些都与过去的伤痛和失去有关。

在成长过程中，许多人都已经习以为常，觉得内心的恐惧、痛苦和不安全感是意料之中的，只不过是原生家庭和童年经历的必然产物。因此，很多人即便知道自己受了伤，仍难以走出来。我们什么也不做，只是不断重复着消极的行为模式。如果只是口头说说，却不认为自己有能力改变那些消极行为，就无法真正战胜抑郁症。我们必须驱除和化解困在潜意识中的痛苦情绪，否则就会被阴影笼罩和束缚。

阻碍康复的一种常见表现是否认一切痛苦、煎熬或愤怒的情绪。我们自我批判，不让自己掉眼泪，告诉自己我很快乐，压力和愤怒并不存在。但很多人都没有意识到，正是由于耗费了大量的精力来压抑自己的情绪，才让我们感觉如此疲惫。相反，如果我们能释放自己的感情和紧张情绪，生活会轻松很多。否则，在这个阶段，可能就需要心理医生的介入了。

觉得自己没有价值、不够好，其实是在心里制造了一个不存在的完美形象。只有在脑海中慢慢接受自己的不完美形象，才会开始倾听内心中令人低落的声音。让我们继续看瑞秋的例子。在家里，瑞秋从小就会因为别人而受责罚，这让她在阴影自我中觉得自己不值得被爱。

瑞秋谈情感饥渴

瑞秋从小就非常渴望赢得父母的信任和支持。她试图被爱、被接受、被信任，结果却患上了进食障碍。每当她对自己感觉不满时，就想用不当的饮食来麻醉自己。

小时候妈妈对我很严格。她纪律严明，每次我们犯错就会挨鞭子。有一次，妈妈告诉我不要碰热熨斗，但我那时还小，不懂事，还是碰了。我记得因为熨斗温度太高，我的手掌脱了一层皮。但是妈妈并没有安慰我，反而鞭打我的伤口，因为她相信，伤口越痛，越能给我留下深刻的印象，以后就再也不会碰热熨斗了。那是她抚养我和姐姐时所信奉的咒语。

妈妈也常把我陷入难堪的境地，以此作为惩罚。几乎每次出门，她都会冲我大吼大叫，或者当众打我，警告我："我要让每个人都知道你是个多么糟糕的坏孩子。"她最喜欢对我说的一句话是："为什么走路慢吞吞的像个妓女？这么虚荣吗？"我还记得姐姐犯错的时候，妈妈喜欢叫她"小畜生"，所以我们长大后非常害怕告诉家人自己受伤了或是哪里疼，因为我们知道会因此受到惩罚。

妈妈还经常拿自己的情绪威胁我。她骂人的时候，我要是又做了什么让她不高兴的事，她总是耸耸肩把我的手移开。很多时候，我不明白自己做错了什么，因为她从不解释。她只会说我错了，她不想要我了，我不值得被爱。她很难过的时候，会把我一个人留在购物中心里，然后自己走掉。

在成长过程中，我和爸爸走得更近，因为爸爸从没打过我们。爸妈天天吵架，直到今天还是这样。每次爸妈吵架，妈妈都会对我发牢骚，侮辱爸爸，骂他是"混蛋"，诅咒他，还要强迫我表明立场。如果我保持沉默，拒绝侮辱爸爸，她就会责骂我站在爸爸一边，背叛了她的养育之恩，根本不关心她。我想正是从这些早年的经历中，我产生了焦虑。如果我不取悦周围的人，就会被抛弃，不值得被爱。所以在我的童年阶段，从来没有好好表达过情绪。

我也因为自己的外形挣扎过。姐姐很胖，从小我就听着亲戚们为姐姐的体重和外形操心。我姑妈很执着于节食和瘦身，所以我特别害怕发胖。妈妈喜欢给我打扮，她会指点我每天穿什么，甚至我生日聚会的衣服也是她选的。很多时候，这会让我很沮丧，因为她选的衣服让我看起来很胖，我真的不想穿。每当我被迫穿上不喜欢的衣服，就会坐在地板上，用四肢摩擦地板上的凹槽或是墙壁上的凸起，直到被擦伤，开始流血。

　　妈妈每次喂我们的时候会舀上满满一碗米饭，她觉得
孩子就应该白白胖胖的。我八岁的时候，看了一部关于进
食障碍的纪录片，意在教育公众进食障碍的危害以及如何
寻求治疗。我记得在电视上看到一个女孩为了减肥，每顿
饭后都把手伸进喉咙里催吐。之后我就学会了，每次妈妈
强迫我吃东西，我都会吐出来。但我也不是每天都这样做，
只是在我感到肥胖和不值得被爱的时候才会如此。

　　在瑞秋的故事里，阴影的概念可以简化成困在她内心
的痛苦情绪，这些情绪引导她做出了与痛苦自我相匹配的
行为。瑞秋痛苦的阴影反映了她童年害怕得不到爱的不安

全感。她害怕长胖，害怕失去母亲的认可。不知不觉中，她觉得有必要保持这种痛苦，才能挽救自己的未来。她的阴影自我展现出了强大的能量。尽管瑞秋否认阴影的存在，压抑它，尽最大努力阻止它呈现在外人面前，但事实证明，痛苦的阴影本身有着强大的能量，让瑞秋出现了进食障碍。

我们在生活中的压力越难以控制，就越有可能转向食物来缓解情绪。很多人习惯通过暴饮暴食来否认情感剥夺和养育关系。瑞秋正是用情绪化饮食来满足自己对爱的需求。她在食物中寻找好母亲的形象，试图用饮食来弥补未被满足的巨大情感缺口，就像是对得不到的爱永无止境的渴望。

抑郁症的本质

小时候，如果在感到悲伤或愤怒时，大人能对我们说"宝贝过来，跟我说说发生了什么。我在这儿听着呢，我就在你身边"，那么，我们的生活可能就会完全不一样。每个孩子都希望自己的情绪被温柔相待，遇到问题也能有解决办法。

从本质上说，抑郁像是一种放弃，一种投降。患者表现出"我再也做不到了"的姿态，并慢慢演变成"即使做不到我也不在乎"的态度。有时，抑郁也许是欲望和道德指令之间的挣扎冲突。内心一面试图放弃，一面又以叛逆的方式坚持着。绝望感和罪恶感交织在一起。于是他们动了放弃的念头，怀疑自己面临的悲惨境遇都是咎由自取。慢慢地，他们就会放弃挣扎，因为觉得已经没有意义了。

抑郁的反义词是活力，或者说是一个人生活中每天做事的动力。完全失去活力的人可能会独自一人躺着过周末，对生活中的任何事都提不起兴趣。他们会假装累了，找借口什么都不做。这是因为他们的活力都耗费在解决内心的冲突上了。他们会试图用微笑来掩饰自己的昏昏欲睡，但实际上他们的生活毫无意义。

帮助孩子减轻痛苦

成年人能自己寻求帮助，但青少年在很大程度上要依赖成年人认识到他们的痛苦，再为他们提供必要的帮助。因此，父母和老师及早发现孩子抑郁的征兆，并采取适当的行动是非常重要的。大人应该多和孩子谈谈他们的恐惧，找出困扰他们的原因，而不是想当然地认为抑郁症状是青春期成长阶段的正常痛苦反应。关键是要以温和的方式去感受孩子的情绪，而不让自己也变得情绪化。即便大人不同意孩子的观点和理由，这样做也有助于避免武断的评判。要让孩子知道，不管他的学习成绩如何，父母都会无条件地支持他。不做作业是一种很常见的行为，父母在与学校老师沟通时，要控制自己对孩子的失望和愤怒，这一点很重要。

事实证明，身患抑郁症的青少年常常有许多不想谈论的烦恼。轻者，可能只是关心自己的外表和别人如何评价自己。重者，像瑞秋，可能会经常被疼痛困扰，担心自己患有严重的疾病。父母尤其应该了解，哮喘是一种常见的与焦虑和抑郁有关的医学疾病。

但现实情况是，当孩子的抑郁症以愤怒或对父母喜怒无常的行为等方式表现出来时，父母往往会给出消极的回

应，这只会让孩子和父母之间产生情感上的隔阂。在这种
情况下，更明智的做法应该是退一步，先弄清楚孩子情绪
和行为背后隐藏的原因。

对父母来说，与焦虑抑郁的孩子一起度过愉快而轻松
的时光，不去谈论困扰他的问题，也不失为一个好主意。
不过这种方法有时很难实现，因为青少年可能沉浸在自己
的世界里，只想一个人待着。众所周知，积极的倾听可以
改善沟通，让孩子感觉自己得到了关心和理解。孩子想和
我们说话时，必须花时间全神贯注地倾听。这并不是为了
弄清楚或者评估孩子的精神状态，从而给他们一些建议。
重点是感同身受地倾听，试着感受他们正在经历的痛苦，
以便更好地了解他们的担忧。

父母们常常担心，如果让情绪低落的孩子一直诉苦，
会让他们更深地陷入消极情绪之中。但是如果父母真的能
做到感同身受地倾听，我很怀疑上述问题是否还会发生。
如果父母能够理解和接受孩子的烦恼，就能更好地安抚孩
子，时常鼓励孩子振作起来。这样，孩子就很少甚至根本
没有理由陷入反刍思维了。

作为父母，我们需要努力增进与孩子的关系，而不仅
仅是满足他们的生理和物质需求。青春期的孩子总是回
避父母，不愿和父母谈及自己遇到的问题，这种行为常常

让父母感到不自在。但父母仍然可以通过电影、小说、摄影、体育等话题，或者其他共同的兴趣爱好与孩子建立联系。这样的沟通可以慢慢培养，不必窥探孩子内心深处的忧虑，就能让他们敞开心扉。

虽然孩子表面上可能不关心自己的问题，但其实他们需要别人常常给予鼓励，而父母是最能强化孩子积极一面的人。如果孩子在家里或学校做了好事，只要简单的几句赞美，就会对他们的自我形象产生很大的影响。我们都喜欢受到赞赏、被人称赞做得好，这是人类的本性。孩子学习努力，父母可以高兴地称赞；孩子做了家务，父母可以向孩子表达感谢；这都是很重要的。对孩子任何微小的进步都要做出积极的评价，比如准时上校车，或是主动整理自己的卧室。

数字时代，孩子通常能连续几个小时打游戏，却很难集中精力完成学业。这让父母很头疼，但这种行为背后还隐藏着心理原因。电脑屏幕上瞬息万变的图像不断地刺激着孩子的思维，与学校里一成不变的教科书大有不同。对大部分孩子来说，持续的精神刺激能让他们逃离学业压力带来的精神混乱。当然，这也需要平衡。

自助的方法

对于青少年或是刚迈入成年的人来说，尽管年纪不大，但要想帮助自己远离抑郁还是有办法的，关键在于学会自力更生，自己解决问题。就算情绪低落，也应该坚持上学，学会享受课堂。要注重自我调节，而不只是被动地接受发生的事。除此之外，还应审时度势，选择策略，评估事情是否按预期进行，加强自我监督和自我管理。

对丁有困扰的青少年来说，最佳的自助办法就是和别人分享自己的烦恼。

常言道："三个臭皮匠，抵个诸葛亮。"青少年可以花时间和那些聊得来的、让自己感觉舒服的朋友和家人多相处。和他们一起做点什么能加深彼此之间的感情，也能让自己感觉得到了支持。与他人分享自己的经历也会带来乐趣，让自己感到更快乐，也就更有能力去面对困难。

另一种经常用到的方法是分散注意力，常见的活动有散步、去健身房锻炼、骑自行车或玩游戏等。体育锻炼是一种天然的抗抑郁剂，户外运动的效果更佳，所以在公园里散步常常能让人感到放松、平静和踏实。听舒缓的音乐或是做一些有创意的事情，比如制作一件艺术品，也能达到同样的效果。

　　当然，青少年为了摆脱空虚和焦虑，每时每刻都去踢球或和朋友出去玩是不现实的。享受日常生活自然是好，但如果仅仅是为了避免空虚，从长远来看，可能不足以控制焦虑。花太多的时间在那些无助于培养生存技能的活动上，也是精力的浪费。一个人必须学会享受复杂的活动，尤其是对生活有意义的活动。此外，还要学会把单调、无聊和绝望的事情变得有意义。比如，与父母发生争执后，不应该耿耿于怀，而应该多从父母的角度想想，再和自己的观点联系起来思考。

更为重要的，是实现自己的人生价值。在挫折或痛苦中找到目标，围绕目标构建生活，通常有助于培养韧性。一个人如果觉得自己所做的一切都有意义，余生可能就会变得井然有序。比如，年轻时失去双亲的孤儿可能会在空闲时去孤儿院做义工。要想实现个人发展，不仅要把精力投入到能展现自己天然优势的地方，还要选择能达成一定结果的目标。有个普遍的现象是，那些找到了人生目标的人，大多出国旅行过很多地方，花了大量时间亲近大自然，或是参与了有意义的、改变社会的活动。

我清楚地记得几年前，我在中国沿着丝绸之路旅行，在新疆一个偏僻的村子里欣赏自然美景时，偶遇了一位三十出头的聪慧女子。她独自一人从香港远道而来，享受自己的公休假。她与新疆当地的维吾尔族居民交流，也在当地一家乡村餐馆帮工，找寻生活的意义。她告诉我她打算在那里再待六个月，反思自己的人生目标，这让我也备受启发。

如果能把抑郁视作人生中一段有价值的旅途，而非一种精神疾病，那么身患抑郁症就并不一定是坏事。抑郁发作可能是人生的转折点，需要我们在此刻反省自身。在生活中的某些时候，我们需要重新审视自己的优先事项、价值观、自我形象和奋斗方向。在这样的时刻，我们需要他人的理解，倘若可以用自爱、尊重和理性来回应自己的痛苦，也就大可不必为此感到羞愧。

抑郁的人需要的不是消除精神痛苦，而是整合身心。苦难是人类生活不可避免的。我们从小就被教育，快乐就是没有痛苦，所以忽略了一个事实，那就是真正的幸福中也包含着情感上的痛苦。从娱乐或物质享受中获得的快乐与幸福并不相同。真正的幸福是一种内心的平静和满足，持久且深远，它开阔了我们的精神视野，加深了对彼此的爱，甚至在困难时期也能历久弥坚。它将在痛苦和挣扎中成长，在学会给予和接受无条件的爱时达到顶峰。它也维系着我们继续活下去的力量。

露西谈心理静默在抑郁症治疗中的作用

正念和沉思是控制痛苦的有力工具。露西从 6 岁起就有自杀的念头，她一直患有纤维肌痛（一种慢性肌肉骨骼疾病）引起的严重肌肉疼痛。她和我分享了自己如何利用静默、爱和正念控制了抑郁，同时还确立了清晰的目标。

身体正常的时候，我喜欢保持静默。静默不知何故让我觉得自己身处一个不同的维度，在那里我可以感受到爱、同情和治愈的效果。但当身体剧烈疼痛时，我就会开始焦虑，好像我的灵魂很快就会被带走。这种时候，我需要一个亲密的人在我身边，让我确信自己仍然活着。

昨天我因为电视音量太大感到烦躁，差点爆发。我设法控制住了愤怒，离开家走进了附近的一个公园。

在散步的过程中，我保持着正念。我把注意力放在自己的内部，发现有团炽热的能量在体内，而我没有对它做出反应，也没有主动抵制它的爆发。进入公园以后，我将身心置于自然环境之下，这个能量球就从我身体的各个部位扩散到周围的环境中了。那个时刻是幸福的，因为压抑的能量被释放了，我的思绪也再次与自然共舞。我相信这次经历深刻地教会了我未来如何处理难以应对的情绪。

露西并没有试图消除愤怒和烦恼，而是通过正念的方法寻求内心的平静。从她的故事中，我们发现身心整合可以带来快乐的满足感。追求身心整合，就是要提升能力，平衡自己的心理状态，它要求我们在生活的方方面面都发挥出最大的潜能。整合的概念涵盖了人类的全部经验，从理性认知、道德准则、文化规范、身体健康到情感稳定性和人文精神，也包括无意识与有意识思维的结合，以及个人与自然的和谐。

传统医学从生物学角度分析抑郁症的病因，认为大脑中的"物质失衡"是抑郁症的主要促成因素，于是通过调整大脑中不平衡的物质来抵抗抑郁、改善情绪，为抗抑郁药物的使用提供了广泛基础。但从广义来看，整合的观点认为，抑郁症是心理（精神）和身体（躯体）之间的失衡，而神经化学物质失衡只是其中的一部分。

通常我们认为，这种身心失衡是由扭曲自我形象、削弱自信的信念和假设造成的，会引发头痛、失眠、肌肉疼痛和皮肤过敏反应等症状。整合疗法可以帮助患者质疑自己未说出口的假设，这一过程也会涉及某些基本概念的应用。

首先，成长中的青少年应当明确自己在人生每个阶段的理想抱负。他们必须左思右想，什么是生命中最重要的东西，什么是自己最看重的。思考生命的意义和目的需要内省于心。生活应当围绕自己最珍视的东西展开，而且不该由其他人来定义自己想要什么。确定了理想抱负之后，就要坚持到底，这就需要清楚地了解自己愿意承担什么，准备放弃什么。明确了这些，达成目标便能成为生命中一股强大的力量，帮助自己坚韧不拔地在布满荆棘的环境中生存。无论选择做什么，都必须对自己负责，因为生命属于自己，而不是别人。

对自己真诚，是踏上这段人生旅程时必不可少的，它包含了诚实、真挚和正直的品质，允许一个人正视不完美的自己。要做自己人生的主宰，决不能被麻痹的心理所束缚，不能逃避日常生活中令人苦恼的事情。回避他人的否定和挑战并不能减轻痛苦。做好面对任何事情的准备，给予人生每一刻应有的关注和承诺，就能把人生看作一条发现真实自我之路。旅程中的每一步，都必须学会停

下脚步反思，理解为何需要关注生活向自己传授的那些
道理。

青少年在成长过程中常常受到成年人的影响，认为仇
恨、欺骗和贪婪是生活中无法避免的一部分。有了这种心
态，他们就会继续把那些造成自己痛苦情绪的现实因素当
作理所当然的，继而陷入矛盾、冲突和恐惧之中。他们被
放逐到了内心痛苦的阴影里，而且相信这是完全合理的。
在内心深处，他们可能感觉自己看待生活的方式有问题，
但仍置之不理，就像给生活罩上了一层面纱，遮住了自我
意识，看不清自己与生活的关系。

正念冥想是一面很好的心理之镜。简言之，正念意味
着了解并专注于自我和当下的感受，而不去做评判。冥
想是一种艺术和实践，它尽可能地深究一切事物的本来面
目，同时保持内心的平静。以正念的方式进行冥想，可以
帮助我们放下个人意志，不再通过控制和挣扎的方式寻求
幸福。通过不断的练习，我们就会学会顺其自然，放弃操
控生活的念头。

正念冥想会带来积极的情绪。我们越积极乐观，就越
能感受到安静与平和。当我们从精神不适中解脱出来，就
会感到平静和幸福。如果能训练自己保持内心的平静和安
宁，即使面对困难，我们也会始终感到健康和快乐。

通过正念冥想获得的心理静默是内心保持稳定、客观和独立的基石，也是对抗焦虑的天然解毒剂。我在之前的著作《弯而不折》中对正念技巧进行了详细的介绍，也提供了一些坊间经验。践行正念的基本原则是培养顺从、无为和开放的态度，基本技巧是以接受的态度对当下保持觉知。这能帮助我们专注于其他事物，不再纠结于自己的心神不宁。

冥想时，不是要花时间解决问题或是分析过去的经历，也不是要努力寻求心灵平静，而是让洞察从内心的平静中自然浮现。在冥想的早期阶段，我们需要像驯服野马一样驯服自己的思想。我们的思想有时会很狂野，需要留出时间让意识适应潜意识中涌现的思想洪流。思想只是流经意识的短暂现象，就像看着天上的云彩飘过一样，在冥想的过程中，我们只是任由思想来来去去，不必去评判或做出回应。一旦掌握了这种技巧，就能把精力集中在思想的无声间隙里，在此处构建内心宁静的平台。

很多时候，过去的痛苦记忆可能会在冥想的过程中出现。这时，只需让它们浮出水面，无须分析或做出反应，任它们飘过，慢慢消散。这样的记忆并不能定义我们是谁，仅仅是一些无意识的能量，在我们的意识中得到净化，然后就被系统释放出去了。这些痛苦的回忆常常会唤起一些关乎人生及其痛苦原因的思考。要找到这些问题的答案，就必须通过冥想来探寻。

探寻是一种内心的好奇态度，代表我们对真理的渴望，可以通过把自己交给从正念中获得的静默来实现。通过反复质询内心的假设和信念，带着疑问平心静气地等待，便能开启心智，浮现直觉的智慧。冥想探寻的艺术足以超越人的智力范畴，也能绕过童年生活的影响。心灵的宁静和静谧使我们能够直面自我，去探寻关乎人类存在问题的答案。

探寻包含两方面。其一是退后一步，让自己跳出先前
所有思维的限制，为实现真理让路。我们没有必要在冥想
的状态下主动寻找答案，因为这些答案会从静默中自然地
浮现。我们可能会问："我是谁？我对自己有多了解？为
什么我现在会这么做？"我们需要花时间去追问关于自己
的所有信念，以及关乎"我是谁"和"我是怎样的人"一
类的潜在假设。

其二，要接近意识深处的静默中所蕴含的明晰与智
慧。智慧往往会以不经意的洞察的方式出现。我们只需要
心存感激，接受和拥抱它们就好，让洞察力留在我们身
边。每个人都有关乎自我的故事，这些故事中包含着独特
的成长经历，而正是这些经历塑造了我们所认识的自我。
在获得直觉的智慧之后，就要对这些自我叙述进行沉思。

沉思是一种在意识静默状态下保持思考，直至其揭示
更深层内涵和领悟的艺术。它超越了分析思维，开放了
我们的意识，揭示出新的见解。比如，如果在沉思时带着
"我不等于我的自我叙述"的想法，我们就得以认识到自
己为什么会创造这样一种妨碍自己的自我叙述，又是如何
创造的。

当我们反刍自己是谁，以及如何一路遭受各种磨难
时，就会开始无意识地把焦虑上升到抑郁的程度。接下来

我们也许会在静默中冒出另一种想法："所有的痛苦都来自理想与现实的差距。"对这句话加以沉思，可能会唤醒我们，认识到生命可以通过对精神状况的重新调节得以复苏。一旦接受了真实的自我，我们就会开始意识到，摆脱抑郁的关键其实在于自身。

露西谈沉思与冥想

▼

露西最近失业了。她曾在与慢性疲劳综合征作斗争时患上了抑郁症，但通过反思自己走过的人生路，她逐渐从抑郁中走了出来。

我以为没了工作，自己终于可以享受平静了。但我错了。与自我对抗和面对外部环境一样乏味。在生活的重大转变中，我经历了包括身体、心理、情感和精神上的很多调整，也经历了很多起伏。终于有了属于自己的时间，这是弥足珍贵的。我仍然会去上课，所以并没有完全和社会脱节。我终于不再有来自工作、研究和老板的压力了，以前这些对我影响很大。

我终于有时间去读喜欢的书，有时间去冥想和治愈自己了。一天晚上，当我沉思时，感觉自己就像一个洋葱，一层一层地剥落，每一层都代表了我在社会上工作时戴上的面具、伪装和妄想。将其一层层剥开，我找到了真实的自我身在何处。这让我反思，置身于社会时，为了达到大众的期望和标准，我们会扮演很多想象中的角色。这些外皮很厚，通过冥想，我希望能更好地摆脱它们。

当真实的自我一点点展现在面前，我真正面对了自己。出现了很多关乎"我是谁"的问题，我醒来时可能会感到焦虑，又或是无缘无故地充满活力。幸运的是，我过去就有过焦虑的经验，这让我得以冷静地面对这些感受。与其压制这些力量，不如接受它们的存在，让其自由地穿行。我问自己，为什么每当遇到困难时就会出现疼痛和疲劳的症状。有些人已经从慢性疲劳综合征中康复，而我也必须在虚弱时给自己力量，继续前行。像我这样承受着身体痛苦的人往往希望封闭自己，但在我们找到一个能够产生归属感的特定空间之前，封闭是不可能的。

要想消除抑郁，需要唤醒一种源自内心静默的智慧。内心的静默可以根除旧的意识形态，提供创造性思维。这是通过冥想时产生的静默来实现的，所使用的技巧是创意想象（creative visualisation）。创意想象是一种为我们所希望的情境创造心理表象的艺术。这种有目的地创造心理表象的过程是在模拟一种视知觉。当闭上眼睛进入冥想状态时，我们可以对心理表象进行维持、审视或转换，以改变自己的痛苦情绪或自我价值感。这种方法在无意识层面起作用，能加速康复。

迪士尼公司创始人华特·迪士尼（Walt Disney）就是一个很好的例子，他让人们看到，创造性的想象可以帮助人们梦想成真。他是娱乐行业从业者，但创造幸福的原则是一样的。当我们处于冥想状态时，潜意识通常会自发地产生与过去焦虑时刻相关的特定表象。如果有意识地把过去痛苦回忆的图像转变为舒适、和谐、幸福的图像，我们便可以继而改变情绪。

创意想象背后的理论基础是象征性思维。潜意识无法分辨真实的图像和想象出来的图像、真实的危险和想象中的危险。如果我们引导潜意识去体验积极的感觉，身心都会感到舒适。通过想象自己想做什么事、想和谁一起做，我们会发现生活开始发生改变。这项技巧在心理治疗中有着重要的应用，同时也是一种可以自学和实践的方法，正如露西的例子所示：失业后，露西在抑郁中挣扎，又突患食物过敏，面临着双重打击。她向我寻求心理帮助，也找了过敏方面的医学专家。我教她把创意想象和拟人化的方法相结合。拟人化是将人的特征赋予无生命物体或抽象概念的一种技巧。

露西谈创意想象

在冥想状态下，露西会把食物过敏比作一个"精灵"。她让自己平静下来，然后与这个精灵互动。精灵会告诉她，食物过敏也是学习过程的一部分，是她在人生中必须跨越的障碍。她的抑郁来自别人的批评给她带来的伤害。

我知道精灵想告诉我什么。是时候坚定自我、做自己了。我很自信，我喜欢做一个冷静、安静的人。但一想到必须面对那些和我频率对不上的人，我就开始焦虑，甚至有些愤怒。

比如，在现在的这份兼职工作中，我一直受到他人的排斥。我不怎么与人交谈，只是在角落里安静地做我该做的事，但这样的工作方式在那种环境下似乎是一种"罪恶"。很显然，我不属于那个地方，大家都希望我离开。我感到非常难过，因为在那种环境下我无法做自己。我受不了那些伤人的对话，甚至还有脏话和咒骂，所以真的很想辞掉这份工作。但我也需要挣到足够的钱来养活自己。我真的不想再依赖家人了，是时候出去正常工作了。

露西从这段沉思经历中学到的一个重要经验是，她的生命潜能可以超越过去的能力，只有不被过去的经历束缚，才能绽放。在她受限的思想之外，是能让她绽放的神圣自我。通过不断在脑海中传递积极的图像，想象自己过上了正常而幸福的生活，身边充满了激动人心的冒险和要好的朋友，她终于找到了战胜焦虑和关爱自己的有效方法，也得以摆脱了抑郁。

第
二
章

满足情感需求

　　父母起初对育儿都是一窍不通的，随着生活经验的不断丰富，才能慢慢娴熟起来。从本质上说，要想把孩子养育好，父母必须尽最大努力无条件地爱孩子。但可惜，"爱"这个字眼、这个概念，经常会被误解，对许多人来说仍然是个未解之谜。

　　当女人转变为母亲的角色，便开始了爱和生命的延续。爱孩子就是要以恰当的方式不断满足孩子的生理与心理需求。

　　只有和孩子建立并培养起深厚的感情，父母才能与孩子形成终身的纽带关系。

什么是无条件的爱

父母的爱是孩子经历、理解和珍视的第一份爱，对孩子的成长至关重要。父母这种无条件的爱，是要向孩子展示，父母爱的是他这个人，而非他做了什么。本质上，这种无条件的爱是仁慈、互助、同情、奉献、关爱等各种人类情感的综合，需要借助父母无私的行为和宽容之心来向孩子传达。

无条件地爱他人是一种将自己扩展至未知的情感领域，相信自己能不计后果地帮助他人的行为。这是一种纯粹的慷慨和无私，可能并非大多数人的本能。受社会环境的影响，人们已经形成了固化思维，在给予别人爱的同时总是希望得到回报。在人与人的关系中，我们学会了只在他人给予回报时才付出爱，却忽视了真正的爱只关心对方是否幸福，而从不考虑自我回报。

如果别人因为我们做了他们喜欢的事才喜欢我们，这种爱就不是无条件的。在这种情况下，我们的付出只是为了博得他人的关注。即使不能满足对方的要求，他们也不

会对我们感到失望或恼怒，这样的爱才是无条件的爱。只
有这种爱，才有能力创造良好的关系，治愈一切创伤。

　　需要提醒的是，对孩子无条件的爱并不意味着我们要
盲目接受孩子的不当行为。我们可能不喜欢孩子的一些
做法，但仍然爱着他。在孩子犯错时一次次地出面替他善
后，而不是让他自己承担后果，并不是爱的表现。真正的
爱是让孩子得到来之不易的生活教训，同时也要让他知
道，无论发生什么，我们都会在他身边。

　　真正的爱能抵御一切考验。即便孩子不停地考验父母
的耐心，让父母感到沮丧，真正的爱仍会有增无减。对孩
子来说，要想避免抑郁，就必须感受到父母真的爱他。原
因很简单，只要孩子感到被爱，就有毅力经受住即将到来

的任何挑战。这是培养孩子韧性的基础，在我之前的著作《弯而不折》中也有描述。

育儿早期，无条件地爱孩子很简单。新生儿那么可爱，能给包括祖父母在内的所有家庭成员带来快乐。这个天真无邪的婴儿既不会说话反驳父母，也不会做出任何反抗的行为。但是随着亲子关系的不断变化和发展，彼此之间爱的感觉也会随之改变。

青少年时期，父母与孩子交流的天平会倾向于满足孩子的情感需求。作为回报，孩子在学校取得的成绩会让父母感到满足，这样就能建立一种令双方都满意的关系。

有些父母爱孩子，是希望年老时孩子能赡养自己。如果最后孩子没有赡养自己，他们就会很失望。他们感到懊悔的是，自己千方百计地爱孩子，而孩子却忽视了父母的期望。但真正的爱不会像银行贷款一样有借有还。

无条件的爱不仅要满足孩子的物质需求，还要满足他的情感需求。如果我们把关注点放在孩子本身，以及他未来会成为什么样的人，即便他最后不懂事或没有回报父母，我们也不会感到失望或受伤。而孩子作为接受爱的一方，每一次无条件地接受爱意，都会把他与父母之间的感情之网越织越密。如果能感受到家人无条件的爱，他就也会和社会上的其他人建立相似的联系。

父母之爱

　　家庭是孕育生命和传播爱的地方。从出生的那一刻起，婴儿的性格就是由母子之间的亲密关系所塑造的。父母和孩子之间的爱是相互的，他们都渴望对方的爱。婴儿会本能地依恋母亲，母亲也会不停地拥抱他，冲着他笑。随着孩子的成长，他逐渐脱离了这种紧密的联系，自我的个性也逐渐从这种情感上亲密无间、不分彼此的关系中分离出来。

　　父母彼此之间和父母与孩子之间表达爱的方式塑造了家庭的情感氛围。如果孩子在成长过程中能感受到父母彼

此相爱，就会同时爱父母双方；如果父母彼此憎恨，强迫孩子站队，孩子害怕为了取悦一方而失去另一方的爱，就会引起焦虑。

如果孩子从出生起就感受不到有爱的氛围，往往会造成不幸。比如，一个女人做母亲是违背自己意愿的，或者她想要儿子却生了个女儿，她就可能希望这个婴儿从未出生。在这种情况下，即便她继续给孩子提供吃穿，但并不喜欢这个孩子。

有时父母会很难接受孩子给他们带来的意外麻烦。例如，如果一个孩子生下来就有先天性听力缺陷，父母要想爱这个孩子，就必须完全接受他的缺陷，即便和其他父母谈论这个问题也不会觉得不自在。再举个例子，那些受过高等教育的父母，自己孩子的智力可能只有一般水平，如果要爱孩子，就必须接受孩子的智力状况。

父母爱自己的孩子，会觉得孩子本质上是好的，孩子也有权得到父母的爱。父母会为孩子提供他们应该享受的一切，单纯是出于爱。也许有时父母会抱怨，孩子出生后自己失去了自由，或是婴儿用品太贵，但这并不意味着父母不爱孩子，他们仍然会为孩子埋单。父母给孩子提供必要的保障，孩子并不欠父母任何东西，因为我们都会从上一代索取，为下一代付出。

自爱

在所有人际交往中，无条件的爱都始于自爱。我们首先必须建立强大的自尊和自信，自我感觉良好，喜欢自己，知道自己能为一段关系带来正面的影响。即便与他人在一起，也能保持完全的自我，不被他人定义。自爱会给我们带来心灵的力量，让我们以同样的方式去爱他人。

人无完人，尽管自己犯过错、有缺点，还能觉得自己值得被爱，才是无条件地爱自己。我们比其他任何人都更了解自己的缺点和不足。哪怕知道自己的缺点，还能爱自己，这就为我们以同样的方式爱他人铺平了道路。我们必须接受和原谅自己的不完美，这样才能做到宽以待人。

自爱不是利己，也不是自私。自爱最重要的是自我接纳，追求个人利益倒在其次。每个人都有身体或智力上的不足，比如身材矮小或是缺乏艺术细胞，有时也可能有心理上的缺陷，比如晕血。如果孩子想学医，他可能很难接受自己晕血的事实。但如果他放弃进入医学院的雄心壮志，去探索其他职业机会，就是在爱自己。

自爱需要一个人学会对自己原本的模样满意。在上一章中，卡罗尔不愿接受自己的身体状况，也缺乏自爱，坚持在园林行业发展。屡次被拒后，她的精神痛苦和抑郁症就有可能加剧。被拒绝的感觉是痛苦的，因为我们的大脑对被拒绝的反应和对身体疼痛的反应类似。面对拒绝，有些人会比其他人承受更深刻的情感创伤，从而加剧性格中的消极因素。有时，即便是一个眼神或并无恶意的评论，也会被他们解读为真正的拒绝，使得焦虑加重。

孩子的情感需求

为了感到被爱，每个孩子都需要一个安全基地。他们可以到外面的世界冒险，也可以安全地归来，接受身心的滋养。孩子痛苦时需要安慰，害怕时也需要安慰。作为父母和看护人，在孩子需要鼓励或干预时，我们必须随时回应。

父母的爱是孩子获得安全感的首要条件，但是如果父母彼此之间就不和谐，这一点会大打折扣。对孩子来说，父母婚姻破裂和自己被父母拒绝会造成同等的影响。如果一个男人离开了妻子，孩子的感受很可能是父亲离开了自己，而不是父亲离开了母亲，而且这件事都是自己的错，是因为自己不配得到父亲的爱。

随着孩子年龄的增长，他会不断地冒险远离自己的安全基地，持续时间越来越长，也会逐渐学会在家庭以外的世界里建立基地。然而，如果一个人没有在爱的坚实基础上成长，他在成年生活中往往会沉浸在不确定和不安全之中。有时父母婚姻破裂了，就告诉孩子他是个负担，让孩子觉得自己的需要在家里无关紧要。在这种情况下，孩子可能会觉得自己是家里的负担，没有资格获得家人的关心和爱。

布伦达谈童年时期的安全感与焦虑

几年前，布伦达来找我治疗抑郁症。回忆起父母不和的往事和童年的不安全感，她哭了。

我很小的时候爸爸就有婚外情。在我 4 岁之前，我们住在爷爷家，之后搬到了一所公寓里，然后那个女人就经常过来跟我们一起住。我不知道妈妈是怎么想的，他们三个总是把房门反锁，在里面吵架、哭泣，甚至大吼大叫。小时候我和哥哥很好奇，会把耳朵贴在门上，但我当时并不理解发生了什么。

情况变得越来越糟，那个女人开始撬爸爸的车，把门弄坏。最后爸爸和她分手了，也要和妈妈离婚。妈妈不同意，因为她说自己和两个孩子无处可去。

我无法离开家人。每次我迈进家门，都感觉家里充满了紧张的气氛，让我觉得自己应该搬出去，独自长大。但我做不到。我总是找借口，比如"父母需要我"，或者"如果爸爸不认我了怎么办"。所以我直到三十多岁还和他们住在一起。

医生诊断我患有共同依赖症，因为妈妈从我记事起就一直抑郁，我觉得自己必须照顾她。她总是头痛，哭个不停，还一直赌博。我不能告诉爸爸实情，必须替妈妈撒谎或是保持沉默。

尽管为妈妈做了这么多，她却恨我。她会打我，还说"我恨死你了"，然后开玩笑说我其实是那个女人的孩子。

哥哥也恨我。有一次，妈妈哭着说，我是从垃圾箱里捡来的。她从不送我去上学，放学也不来接我，只能由哥哥代劳。但我真的很害怕，因为他总是迟到。有一次我一个人留到最后，整整一个小时里，整个校园空无一人，那时我只有四五岁。

对于想要被爱的孩子，获得成长的机会是另一个重要的情感需求。但与获得安全感的需求相比，这种需求不容易受到父母的重视。大部分父母觉得，只要保证孩子在家里的安全，他们便能顺利地长大。

生命的最初四五年是塑造孩子学业成就和幸福感的重要阶段。一个充满关怀和鼓励的环境能为孩子从家到学校的环境转变铺平道路。如果孩子在成熟期里没有得到自由成长的空间，就更有可能选择离家出走，为自己寻求自由。如果真的发生这种事，他们就得跟自己的不成熟作斗争，但以他们的年纪，根本意识不到自己有多不成熟。

父母如何对待孩子，很大程度上塑造了孩子在成长过程中形成的依恋模式。如果孩子确信父母在自己害怕的时候能给予帮助，就更有勇气去探索外面的世界。否则，在缺乏安全感的情况下，孩子往往更容易产生分离焦虑，更依赖父母，对探索世界感到更加不安。如果孩子感觉在自己需要帮助时，会遭到父母的拒绝，他可能就会下定决心，此生不再需要他人的爱。

对于想要被爱的孩子，另一个主要的情感需求是形成具体的个人理想。个人理想会体现在孩子对于自己想要成为什么样的人的最初想象中，且常常是以父母为榜样。通常，最理想的表现形式是严父慈母，父母的所作所为孩子都看在眼里、记在心上，成为孩子的理想典范，也决定了孩子对自己的看法。

然而，仅仅有理想并不能保证孩子就能将其实现。如果理想与自己的潜力不相称，他可能会把青春浪费在无望的奋斗上，而无法发现自己真正擅长的事。如果父母非常优秀，孩子可能会觉得自己应该按照父母的方式取得成功，这种尝试往往会使他们面对不可避免的失败和气馁。因此，父母最重要的是好好陪伴孩子，随时倾听他们的理想，防止他们迷失方向。

当父母了解了孩子的需求，富有同理心地倾听他们的理想，分析他们的潜力，孩子就能更好地与父母建立联系。如果父母不能扎根孩子的理想深处，弄清楚他们的真实想法，给出的建议往往是无效的。随着自我身份认同的逐渐增强，成长中的孩子在表达自己的观点时需要一个安全阀，没了这个安全阀，他们可能就不会接受父母给出的建议。如果父母提出建议时能少一点武断，少一些唐突，他们的观点就更容易被孩子接受。还有些父母觉得自己生存技能不足，不想或不能做孩子的榜样，但他们依然可以为孩子起到引导作用。

警惕父母的期望

父母爱孩子，自然希望孩子成龙成凤。学业表现是判断大多数孩子优秀与否的一个主要考量，但父母对于孩子过于理想化的高期待，往往最有可能削弱他们为人父母的自豪感。由于学习成绩很容易量化，人们普遍认为高考得高分就能带来优越感，也常将其与成人之后的成功挂钩。如果父母关心孩子的学业成绩更多是出于满足自己的理想，而不是为了孩子好，就会出现严重的问题。如果孩子在某件事上没有达到自己梦想中的目标，在接下来的成长阶段，就可能会因为父母的态度感到挫败。

有两种父母的极端态度会对孩子产生负面影响。一种极端是，父母不希望任何孩子掉队。如果家里的老大成绩优异，就很难接受老二不如老大。如果老二达不到预期的家庭标准，父母就会难以理解，却没有意识到他们望子成龙的焦虑会影响孩子的情绪，阻碍孩子将来的成功。

另一种极端是，父母自己在年轻时被剥夺了接受教育的机会，于是就把希望寄托在孩子身上，期望孩子帮自己实现理想。父母没有意识到，这实际上是在满足自己的理想，而不是真正为了孩子好。如果孩子表现好，一切倒还好；但如果孩子违背父母的意愿，就有可能引发家庭悲剧。辜负父母期待、有损家庭荣耀的孩子可能会被父母视为不孝，没能给父母带来应有的投资回报。孩子可能会不被家人待见，更可怕的是，还有些孩子需要花费大半生的时间，来克服自己辜负父母期望的内疚感。

孤独与独处

交际是人类的基本需求。青少年通常在远离家庭、学校或朋友，独自一人时情绪最低落。独处时被动进行的活动，比如看电视、在线看电影或读小说，往往不会让孩子感到非常快乐，也不会给他们的自我成长带来太大帮助。

孤独是一种未与他人建立深度联系的不适感。一个人之所以感到孤独，很大程度上是因为他不常与其他人见面或交谈，或是即使和他人在一起，也感受不到理解或关心。有些孤独的人不与关心自己的人分享任何生活点滴，渴望着爱却不知如何找寻。孤独常与抑郁相伴，抑郁的人常会感到内心凄凉，没了爱的保护，即便在拥挤的聚会上，他们也会逃避一切，逃避内心的孤独感。

　　他人的陪伴和情感支持能帮助我们保持稳定的心理状态，减少孤独感。拥有亲密而有意义的人际关系对我们的幸福至关重要。如果感到自己与周围的人隔绝，我们会变得更容易焦虑和抑郁，而人们应对孤独的方法常常会起到适得其反的效果。第一章中，瑞秋就偏激地利用食物来填补家人情感缺失带来的空虚。

　　孤独不同于独处。孤独是一种痛苦的感觉，而独处是想要独自生活的一种带有自豪和夸耀的表达。独处的人自己选择了独自一人生活，他们享受那种孤独感，觉得独处很舒服。但是，这未必是好事，因为这会让迈向成熟的孩子产生空虚感。慢慢地，他就会因为缺少一个安全基地而感到焦虑或绝望。通常，那些长期待在国外寄宿学校的孩子都很有可能患上抑郁症。

没有多少人愿意承认自己是孤独的。那些来寻求医生帮助的人可能会承认自己焦虑或抑郁，却很少透露孤独感。当今社会，如果一个人没有朋友，人们就会觉得他肯定自身有问题，一定是他难以接近、自私自利或是有些古怪。出于同样的原因，孩子在学校也更愿意隐藏自己的孤独，避免被看作不讨喜的人。

感到孤独并不总是代表没有任何人际交往，孩子可能只是对某些人际关系感到不开心。他可能有支持自己的父母，却因为父母花了太多时间在工作上而感到孤独。当孤独感引发了愤怒或抑郁时，其他家庭成员可能会很困惑，孩子为何突患抑郁，孩子自己可能也不会意识到孤独对抑郁造成的影响。

孤独的反义词是亲密。亲密体现为相互信任和尊重，让人们得以在家庭或群体里彼此合作。除了感受到他人的存在，还需要自己能得到他人的倾听、关注和感知。更重要的是，人们希望被需要、被喜欢和被重视，因为从他人的评论和看法中，我们可以看到自己真实的样子。

与他人保持联系是一种亲密行为。方式有很多种，比如做一些让他人愉快的事，或是倾听他人的诉说。通常情况下，亲密行为让彼此看起来像是一个群体，分享生活空间、财产、活动、情感、想法、价值观和理想。双方时而给予，时而接受，彼此都不在意谁是给予者，谁是接受者，这才是最令人满意的亲密关系。尽管现在社交媒体很发达，但使用在线交流代替现实互动，并不能产生同等程度的亲密感。

想要认识和了解他人是另一种亲密行为。当人们彼此亲近时，经常会发誓相互之间没有秘密。然而，一个人需要有强烈的自我身份认同，才能安全地与他人建立如此亲密的关系。否则，他的身份认同就会被对方的身份认同吞并，若再有其他类似的亲密关系，他的身份认同很可能会进一步丧失。

缺乏安全感、没有强烈自我身份认同的人通常会在亲密关系上出问题。他们要么选择回避亲密关系，要么完

全依附于他人。回避亲密关系并不意味着他们不在乎，这其实在很大程度上是一种生理反应，因为他们童年时期的某些亲子经历已在头脑中根深蒂固。如果完全认同另一个人，他们就会接受这个人的所有观点、价值观和信仰，而不是像有安全感的人那样，能够以不同的方式与不同的人交往。如果青少年要在没有爱的家庭中成长，这是一项重要的技能。

艰难的无爱家庭

所有持久的人际关系都需要无条件的爱，其中自然也包括家庭关系。为了进一步了解无条件的爱，让我们来观察一下焦虑水平较高的无爱家庭。无爱家庭有不同的呈现形式：孩子可能由单亲抚养，或是被寄养给他人；至于父母，可能会分居、离婚或是再婚；孩子可能要和同父异母或同母异父的兄弟姐妹一起生活；也可能是家里有人酗酒、吸毒或是进了监狱；最糟的情况是，孩子可能幼年就遭受过虐待。但是，即便没有这些问题，无爱家庭还是有可能存在。

有些父母根本不爱自己的孩子。比如，如果一个女性违背自己的意愿怀了孕，生下孩子后，她可能会希望这个孩子从未降临这个世界。又如，母亲可能本想要个儿子却生了个女儿，她也可能希望这个女婴从未出生。

无爱家庭里长大的孩子在成人阶段会面临很多问题。常见的问题是父母或兄弟姐妹如何看待这个孩子，与孩子如何看待自己之间的差异。这会播下焦虑和抑郁的种子，因为由此产生的内部混乱会切断孩子与家人之间的联系。无论他如何压抑自己受伤的感觉，愤怒和恐惧都会持续蔓延到他的人生中。

有时，青春期的孩子可能会发现家人拒绝接受他的生活方式，或者无法接受在他看来再普通不过的事情。比如，他可能不喜欢数学，在学校里数学成绩很差，但其他兄弟姐妹这门课都很出色；他可能没有按照父母的建议选课；也可能和不同宗教背景或国籍的人约会，听父母认为品位不好的歌曲。所有这些都会让家人不喜欢他。

有时情况更让人心碎。父母可能告诉孩子，他的出生是个错误，他们后悔生了他。上学的时候饿了，父母不关心他有没有足够的零花钱买吃的。生病了，家人会随口说一句："哦，但你现在不是没事了嘛。"家人只对他说些讽刺的话。他们忽视或贬低孩子的成就，或是出于嫉妒对孩子进行精神打压。不管孩子取得什么样的成就，父母都会轻视他，因为他们想保持先入为主的印象，认为孩子应该是他们以为的模样。诸如此类的例子还有很多。

在无爱环境下，家人表面上可能很有礼貌、互相支持，但在内心深处则因嫉妒而疏远。如果兄弟姐妹的关系建立在竞争而不是爱的基础上，怨恨就会积聚。我们中的许多人从小就有"血浓于水"的道德观，但不幸的是，这使得我们把其他家庭成员的贬低视为情感和成长的必要组成部分。然而在家庭中，一旦父母和兄弟姐妹过于吝啬，对孩子来说，爱显然就是不存在的。随着年龄的增长，孩子可能会想办法脱离家庭。

瑞秋谈无爱家庭

▼

瑞秋继续给我讲述，成长在这样的无爱家庭里，她是如何战胜自己日益严重的抑郁症的。

我和姐姐已经有两年没说过话了，直到最近我们的关系才有所改善。我不是每天都回家，就算回家也不会很早。通常我晚上 11 点 45 分到家，那时大家都睡着了。最夸张的是，即使我在外面完成了差事，很早就到家了，如果知道家里还有人没睡，我就会站在大门外，不进家门。我会走到楼下的公寓大堂，闲逛到晚上 11 点 45 分，直到大家都入睡了再回家。

我不只是在回避姐姐一个人，而是在回避整个家庭。我觉得如果姐姐听到这些会受到很大的伤害，但我心里明白她早就知道了。最近，情况有所好转，我每周至少会回一次家了。

我的整个家庭都很奇怪，我是在一个很夸张的环境里长大的。妈妈尤其小题大做，她自己也有很多问题。她脾气暴躁，容易生气，经常自残，还曾经拿刀威胁要砍姐姐。我小的时候，这种事每天都在发生，每个人每天都在吵来吵去。

姐姐在我小的时候很暴力。我是个安静的人，会向所有人屈服。每次我回家看到大家都在朝对方大喊大叫，就会非常害怕。他们总是吵架。几年前，姐姐变得很坏，威胁要打妈妈，妈妈差点把她送到女子管教所。这样的生活真是太夸张了。

兄弟姐妹间的冲突

如果父母对一个孩子特别投入或对他特别失望，家庭

道家里还有人没睡，我就会站在大门外，不进家门。我会走到楼下的公寓大堂，闲逛到晚上11点45分，直到大家都入睡了再回家。

我不只是在回避姐姐一个人，而是在回避整个家庭。我觉得如果姐姐听到这些会受到很大的伤害，但我心里明白她早就知道了。最近，情况有所好转，我每周至少会回一次家了。

我的整个家庭都很奇怪，我是在一个很夸张的环境里长大的。妈妈尤其小题大做，她自己也有很多问题。她脾气暴躁，容易生气，经常自残，还曾经拿刀威胁要砍姐姐。我小的时候，这种事每天都在发生，每个人每天都在吵来吵去。

姐姐在我小的时候很暴力。我是个安静的人，会向所有人屈服。每次我回家看到大家都在朝对方大喊大叫，就会非常害怕。他们总是吵架。几年前，姐姐变得很坏，威胁要打妈妈，妈妈差点把她送到女子管教所。这样的生活真是太夸张了。

兄弟姐妹间的冲突

如果父母对一个孩子特别投入或对他特别失望，家庭

中的其他成员通常也会受到影响。父母很少承认自己偏心，同样，孩子也往往否认彼此之间会相互嫉妒，表面上总是摆出一副团结的姿态。兄弟姐妹之间的爱和嫉妒是相互冲突的情感，从长远来看，会让他们变得彼此爱恨交织。

　　在无爱家庭里，哥哥姐姐往往更喜欢炫耀才华，证明自己的优越感。他们可能会把沮丧发泄在弟弟妹妹身上，或是告诉弟弟妹妹一些事去伤害他们。这会使得弟弟妹妹在理解人生方面出现困难，搞不清楚应该如何生活，或是该相信什么。尽管弟弟妹妹很痛苦，其他家庭成员可能还会逼他们与哥哥姐姐和解。渐渐地，他们便会决定与所有的家庭成员疏远。

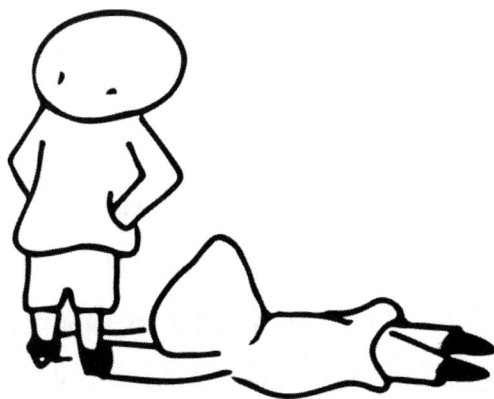

当家里迎来新的小生命时，一些父母会明显改变自己对大孩子表达爱的方式，完全没有意识到这种行为的潜在危险。当他们把大部分的爱给了新生儿时，可能会引起哥哥姐姐的嫉妒和敌意。孩子觉得自己会被即将出生的婴儿所取代，这种感觉可能持续多年。在迎接新生命到来的时候，父母最好把家里的大孩子也考虑在内。父母应该告诉大孩子新生儿的到来会给家里带来什么变化。婴儿出生后，父母应该为大孩子留出一些单独的时间，听听他们对家里变化的感受。大孩子也可以帮婴儿穿衣服，或是推婴儿车，参与到对家庭新成员的看护中。

瑞秋的故事展现了无爱家庭的另一个问题，那就是家里的"主角"。缺乏爱的环境为某个特定的家庭成员提供了扮演主角的舞台。主角认为自己的个人兴趣、追求和经历比其他家庭成员的更有趣、更有意义。他想当然地认为自己有权得到最多的关注和资源，希望其他家庭成员留在幕后，默默地支持他。他觉得适用于他人的家规不一定适用于自己，也会试图控制其他兄弟姐妹的一切。其他兄弟姐妹必须征得允许才能做的事，他自己就可以做主，因为他希望每个人都认识到他在家庭地位上的优越性。

主角可能会不顾事实、随口乱说，事后又对自己说的话不负责任。他把别人视作自己的傀儡，让兄弟姐妹在父母面前惹上麻烦，也不管他们要承受多大的痛苦。如果他擅长下棋，其他兄弟姐妹就不能擅长下棋。如果他学习成绩是"良"，其他兄弟姐妹就不能拿"优"。他会公开朗读兄弟姐妹的私人日记，嘲笑他们写的东西，也会故意泄露别人对兄弟姐妹的恶评。什么才算是好电影，应该读哪些书，在家里可以表现什么情绪，他都觉得是自己说了算。任何在他眼中没有吸引力的东西，都在他的世界里没有立足之地。他假定自己的兄弟姐妹想不出任何他不知道的事情。诸如此类的例子还有很多。

让孩子感到被爱

父母除了满足孩子的生理需求，还必须为孩子的健康成长提供一个安全的养育环境。常常被父母忽略的是富有同理心的倾听。专心地听孩子说话，试着理解他们，避免把自己的观点强加在孩子身上，会对父母与孩子建立融洽关系很有帮助。只有在倾听和理解的基础上，父母才能给孩子提供指引。孩子要想感受到爱，就需要觉得自己被倾听了，他分享的东西家人都听进去了。

很多父母会告诉孩子，是自己辛苦工作才能供孩子上学，所以孩子不能抱怨，所有科目都要拿优。但这样做并没有用，因为这会让孩子觉得没有人关心自己。如果孩子很安静、成绩全优、一直默默地遵守所有的家规，那就得小心点了。他可能感受不到爱，内心怀有深深的怨恨，也会疏远来自家庭的爱。

当孩子对父母敞开心扉分享自己的糟糕经历时，父母的常见反应就是告诉孩子，无论发生什么事，都是孩子错。他们可能还会带有贬低地说："小小年纪，你能对生活了解多少？"父母认为这样的方法会让孩子成长为一个更坚强的人，这通常是因为父母没把孩子当成独立的个体来看待。不管发生什么，孩子都被要求服从父母的判断。慢慢地，孩子就会开始怀疑成年人的智慧和价值，不再和父母分享自己的问题。他会认为周围的人都不讲理，于是把紧张情绪藏在心里。孤独感会让孩子在他人面前回避分享自己的感受。如果没有人能帮他改变这种无效的生活方式，孩子就会对现实感到心灰意冷。在这个阶段，大人意识到孩子需要帮助是很重要的。

让孩子感到被爱的最有效方法是给予建议，而非指示。应该为孩子提供成长的指引和应对之道，而不是直接干预，帮他解决问题。父母必须给孩子一种方向感，让他觉得自己仍然是自身成就的源泉。退后一步，在不失去父母权威的情况下，促进孩子的独立发展，才是正道。

孩子进入青春期后，父母应该运用自己的才智，帮助他做出自己的决定。一个值得推荐的做法是，让成长中的孩子熟悉各种各样的谋生方式，然后自己选择职业。如果父母爱孩子，应该鼓励他，而不是占有他。无论成功或失败，父母都要爱孩子，只要倾听和支持就好。

父母还必须帮助孩子获得情感上的幸福。表扬、鼓励和深情的关注是健康情绪和自尊的基石。父母必须避免忽视、讽刺和欺凌，帮助孩子培养积极的自我认知和安全感，这对孩子感到被爱大有帮助。只有在孩子越界的时候，才需要强加权威和管控。作为父母，最好扮演给予者而非接受者的角色。

第
三
章

自卑与抑郁

多项研究表明，抑郁与自卑相关。通常，自卑的孩子容易产生情绪波动，在生活中总觉得他人会拒绝自己。多数情况下，自卑会让人有挫败感，容易做出错误的选择，就像一辆一直挂着手刹前进的汽车，无法充分发挥潜能，或是将会陷入破坏性的关系中。

自尊的概念与个人价值观密切相关，它是童年时期产生的一系列自我信念的复杂组合，反映了个人在成年后对自我价值的主观情感评价，包括应对生活挑战的能力，以及感知到自己被他人接受和喜欢的能力。这也为形成良好的朋友互动、实现自我价值认同、激发人生潜能、学会爱和被爱铺平了道路。

自尊建立在童年时期的信任、安全感和无条件的爱之上。随着孩子的成长，积极的评价会增强他的自尊，而消极的评价则会摧毁自尊。同样，如果孩子与他人比较时胜出，或是在自己所处的社会和物质环境中得以表现出理想的自我，自尊就会增强。

积极的个人评价和自我尊重会产生幸福感。这在很大程度上取决于一个人之前取得的成功、他的理想和家庭对他的希望，取决于他认为自己对世界的贡献，以及对其他人的价值。这是自我概念的核心，影响着人际关系和对他人的信任感。

建立自我概念

自我概念是我们关乎自身、品性、身份、自我的一切无意识信念的整体看法。自我概念的本质是自我区别于他人的意识，是对自己独特品质的意识，包括外表、技能、气质和态度。如何解读他人对自己的反馈，以及如何对他人的反馈做出回应，会对自我概念造成深刻的影响。

通常，大多数人都会以符合自我概念的方式行事。从知觉自我和理想自我之间的差距就能看出一个人的自尊。如果一个人对自己的评价接近于自己想成为的样子，那么就可以说他拥有健康的自尊。

珍妮谈自尊、社会比较与人际关系

珍妮今年 30 岁，她从大学时就一直患有慢性焦虑症。她告诉我，自己因为特别看重学业成绩而患上了抑郁症，甚至几度想要自杀。交谈中，珍妮讲述了她是如何看待外界对自己的评价，以及这种看法是怎样影响她的。进入大学后，这种情况依旧没有改善，她继续拿自己和别人作比较，焦虑也加剧了。

我曾两次企图自杀。其实在中学的时候我就想过，如果得不到想要的分数就跳楼。大二时，我成绩不好，考试成绩出来后的第一天，我不仅割伤了自己，还吃了过量的必理通[①]。我一共吃了20片。太耻辱了，作为一名尖子生，我怎么能跌到倒数几名呢？但那次我没死，只是因为过量服用药物，导致胃痛得厉害，并不停地呕吐。

我得"优"的科目比预期中少。以前得"优"或"良"的科目，那次才刚刚"及格"。

之后我的成绩越来越糟。我不停地割腕，因为得高分的压力很大。除此之外，我在大学时的男友也给了我压力。他会和我比赛，看谁的成绩更好。每次考试后，我们都会对答案，找出谁对谁错，等待成绩的过程真的压力很大。他会不停分析我的表现，告诉我为什么我不可能拿到一等荣誉学位。而且他还脾气暴躁，有暴力倾向。我压力很大，

[①] 一种常用的退热和止痛药物，常用于发烧、头痛和其他轻微疼痛。大剂量服用可能会引起肝脏损伤。——译者注

导致一直掉头发。最后我终于拿到了一等荣誉学位，这才感觉好多了。我总是在包里放一把小刀，每当男朋友给我压力，我就用刀割自己。

毕业后我找到了一份研究助理的工作。我不太喜欢自己的工作生活。尽管男朋友对我家暴，我仍然和他在一起，因为我不知道怎么和其他男人相处。我之所以维持和他的关系，只是因为我需要一个男朋友，接受他是因为我没有其他选择。

我不知道自己为什么会对单身有一种羞耻的心理，直到现在我仍然有这种感觉。上周末我参加了一场婚礼午餐

会，前同事问到我的婚姻状况，还跟我说，如果到 31 岁还没有结婚，那就太晚了，女性的保质期可是很短的。

对我来说，没有男朋友是一件很尴尬的事。但我再也受不了那个男朋友了。我们最后分手了，他已经和别人结婚了。到最后，所有曾经和我在一起的男人都结婚了，而我还是单身。我不禁问自己："我到底怎么了？"

自尊的发展

青少年早期成长阶段的自尊发展质量，在很大程度上决定了其在日后生活中对他人感到信任、温暖或怀疑、敌对的程度。从婴儿呱呱坠地开始，自尊就成了孩子成长过程中自我身份认同的一部分。不管孩子哭还是笑，父母都会温柔回应，就能让孩子感到被爱、被珍惜。到了上学的年纪，孩子会非常依赖父母和老师来反复确认自己得到了爱和认可。如果在一个有利于建立健康自尊的环境中长大，孩子便能够将自我价值感内化，逐渐减少对他人认可的依赖。否则，如果孩子仍然要依靠外部资源来获得自尊，他会发现自己很难应对生活的挑战。自卑的孩子容易焦虑，他们经常会说不开心、讨厌自己，尤其在意别人对自己的看法。相反，自尊心很强的孩子能自信且自豪地表达自己。

　　随着青少年的成长，他们开始从依赖父母过渡到自己思考如何融入更大的社会环境。这是孩子人生中的一段不确定时期，他们很可能会面临重大的情绪和精神波动。失去原本的身份认同可能会让人感到脆弱。与此同时，作为独立的个体，孩子也在努力地发掘自己是谁。在这个发展时期，孩子可能希望顺应社会期望，以获得同龄人的认可，或是承担一些自己可以做到的责任和任务，这样他就会觉得自己很有用。这两种方法都有助于增强孩子的自尊心。

　　同时，我们都需要某种归属感，毕竟，这是人类最基本的需求，就和衣食住行一样。归属意味着被接纳。有些人会通过排斥他人来寻求归属感，因为有人被接纳，自然就有人不被接纳，但这种方法会伤害被排斥者的自尊。很简单的一个例子，如果被运动队排斥在外，会削弱孩子的自信心和幸福感，带来冲突和痛苦。

　　我们的社会和文化非常重视对个人优点的评估，却往往不能容忍犯错。孩子在学校里的学业表现、体育成绩或是课外活动都会被评分。反过来，学校也会根据学生的总体表现获得排名。家长经常把自己孩子的学习成绩与其他孩子比较，因为父母总想赶上朋友或是邻居的社会地位。这样的社会比较为孩子的焦虑埋下了种子。孩子会问："我和同学比起来怎么样？加入哪个社团会让我的校园生活更快乐？"对孩子来说，同伴的接受是不确定的，自己的个人价值也不确定。他总是拿自己和别人比较，怀疑自己的能力。在这种情况下，往往还会有更多问题浮现出来。他不确定自己是否找到了一个安逸的归属地，不确定在新群体中别人是否会尊重他，还会质疑自己是否完成了应该做的事。

自卑会导致焦虑，也会扭曲对自己和他人的看法。自卑的孩子有一个很明显的特点，就是难以建立亲密的依恋关系，因为他们很难相信自己值得与别人建立一段有意义的关系。他们很难设定目标和解决问题，总是倾向于否认自己的成功，很少重视自己的能力。由于自信心水平较低，他们害怕自己发挥不出学术潜力，总是做最坏的打算，也会被自我限制的想法所牵制。

哈泽尔谈自卑的影响

哈泽尔和我分享了她在自卑中成长的经历，

以及自卑对她精神健康的影响。

我从小就自卑，周围的人让我觉得自己的存在从来没有意义。我觉得我的感受无关紧要，其他人也都意识不到。我在十四五岁的时候就想结束自己的生命。我就是受不了和别人在一起，因为我觉得自己没用，没人要。

随着年龄的增长，被压抑的无用感越来越强烈，带来无尽的焦虑、失眠和眼泪。这种消极情绪不断出现在我的脑海中，慢慢地，我稍稍改变了期望。我强烈地渴望拥有一个和我一样的人，特别是在约会的时候。

我和一个有情感暴力的人谈恋爱，和他在一起近两年。后来我又有了另一段感情，但很快就分手了，只是因为对方的妈妈不喜欢我。起初他不肯告诉我原因，我百般恳求，最后才知道是因为这样他才和我分手。我感到很痛苦，因为我觉得这很不公平，他甚至没有了解我就得出了他不喜欢我的结论。后来我又发现他脚踏两只船。他让另一个女孩怀孕了，这个发现伤透了我的心。我无法专注于正在做的事情，并为此付出了代价。我瘦了很多，心情也很沮丧，最后不得不去看心理医生，因为我真的需要帮助。我又花了两年多的时间才克服抑郁。但我很幸运，现在我比以前坚强多了。

心境

要理解自尊背后的情绪，可以从理解心境的概念入手。许多人觉得自卑是导致他们心境低落和抑郁的主要原因。其中一些人因为害羞或内向而受到欺凌，而抑郁又会进一步削弱他们的自信心。有些人还觉得抑郁改变了他们看待自己的方式。

就像情绪一样，心境也会随着时间的推移而波动。它是一种心理倾向，其中一端是兴奋，感到整个人被唤醒了，随时准备采取行动；而在另一端则会感到恐惧、无精打采和焦虑，不愿意采取行动。心境会影响思想和行为，也会被青少年的生活经历所影响。好的心境能鼓励孩子以和善的眼光看待世界，培养自我放松的感觉，也让他更容易被周围的人接受。这会暂时激发积极的自我评价，从而确定孩子的自我价值。

相反，坏的心境会鼓动孩子与世界为敌。他看到了一个身处危险中的自我，这会让他怀疑别人将会如何回应自己的行为，以及自己成功的机会有多大。孩子接受了自我限制的想法，因为他看到自己的人生道路上充斥着不友好的人和有限的成功机会，这些都是障碍。

心境与一个人能够达成社会目标的程度密切相关。如果学生没有达到父母或老师的期望，他会感到失望、羞愧和沮丧。在羞耻的心理下，对个人表现和结果的强烈责任感会影响孩子的心境。他觉得自己失败了，现在必须忍受别人在自己面前指指点点的耻辱。

相反，一个相信自己、自力更生的人更有能力应对失败。他能经受住生活中偶尔的暴风雨，也更容易恢复平衡。随着适应力的不断增强，他会比那些自卑的人更享受生活，形成更成功、更良好的人际关系。

建立健康自尊的基础

了解孩子建立健康自尊的自然基础非常重要。首先，我们必须完全接受孩子的现状，引导孩子以自己的节奏接受教育、接触社会，尊重孩子的独特品质，这才是最重要的。孩子必须明白自己的性格和别人有什么不同。

接下来，我们要倾听孩子的感受，不要在他与生活艰难斗争时批评他。相反，我们应该对孩子付出的努力和取得的成就给予真心的赞扬，让孩子自己发现应对新环境的方法，鼓励他在面临挑战时不断尝试。比如在家里，让孩子分担一些符合他年龄和能力的责任就很有用。

正在迈向成熟的青少年需要成年人照亮他们走向独立的道路。我们需要表现出对孩子深入钻研的学习内容的兴趣，也要让孩子知道我们为他的独特性感到自豪。成长路上，我们还需要花时间教孩子如何应对失望。和孩子一起散步，听他讲述自己的经历，会很有作用。也可以和孩子一起玩游戏或计划全家出游，这样能让孩子知道，我们和他在一起很快乐。

我们要知道，父母是孩子最有力的一面镜子，孩子可以透过镜子看到自己的影子。因此，我们需要评估自己的安全感和自尊水平，提高自身应对挑战的能力，为孩子做好榜样。孩子对自己最早的认知就源于父母态度的内化。如果父母与孩子的关系在学龄前是积极的，孩子就会把自己看作一个有价值、成功且被爱的个体。随着孩子的成长，我们需要帮助他培养强烈的自我意识，了解如何融入周围的社会。为此，孩子需要对自己的价值观和人生原则有清醒的认识。

有时，孩子的不安全感会影响到他接受自我的能力和他的社会功能。一旦发生这种情况，我们需要直面孩子的问题。父母可能想知道是什么塑造了孩子的自我价值和自信。但与普遍的看法不同，培养自尊并不是简单地告诉孩子他很出色、很棒。相反，孩子必须通过亲身经历感到自己有能力、有效率和被接受之后，才能建立自尊。

当孩子学会自己做一件事，并为此感到自豪时，就会觉得自己具备了一定的能力。所以，我们应该帮助孩子了解他是谁，在哪些方面可以融入自己所处的社会环境。孩子可能还需要大人帮他确认自己在人生中珍视哪些价值、欣赏别人的哪些品质。如果孩子欣赏一个善良、有爱心、慷慨大方的人，就很可能也想要在自己身上培养同样的品质。随后，我们可以引导孩子思考他需要做些什么来践行这些价值观，以及如何利用他的个人价值观来建立属于自己的人生原则。

举个例子，如果一个孩子喜欢慈善，他可能会想要加入某个社会团体，参加志愿工作。在这个过程中，孩子会设定符合自己价值观的目标。当他清楚地知道自己应该做什么才能实现既定目标时，就会觉得自己有能力做好，由此踏上建立自尊的旅程。如果孩子看到自己的努力正在产生积极的结果，就会意识到自己是有能力的。

下一步，父母需要了解，孩子的自尊与父母教养方式有着深刻的联系，下一章我们会更深入地讨论这个话题。

我们先以专制型父母举个例子。这类父母对孩子进行严格的控制，会订立明确的家规，但规则僵化且不灵活。父母对孩子的情感需求漠不关心，反应迟钝。他们不允许孩子讨论自己的问题。在他们看来，行为不端就要受到惩罚。在这种专制环境下长大的孩子会很自卑，因为他们失去了选择，不能自己做决定或表达自己的意见。虽然他们可能在学业上表现出色，但更容易成为追随者而不是领导者。他们很难与同龄人相处，也很难与他人一起玩耍。一般来说，那些在幼年时遭受过言语、情感、身体虐待或其他创伤的孩子，在建立自我价值感和应对生活挑战方面，往往会有困难。

有效的教养方法是，帮助孩子发现自己的长处和短处，让孩子知道犯错是一种自然而有效的学习方式。积极的自尊心多来自追求成功的动力，以及探寻、学习、创造和竞争过程中的乐趣。人际交往构成了自我概念的基础，而坚实的自我概念则同自控能力和应对能力有关。

请记住，如果孩子在学业或体育活动中未能达到自己设定的标准，也会有损自尊。一定要帮助孩子了解自己的能力，设定现实但富有挑战性的目标。如有必要，还可以罗列出孩子的所有优点，贴在他卧室的墙上，时刻提醒他。也可以把他所有的成果，比如奖杯、奖状和证书，都放在架子上，让他有时间定期看看自己取得的成绩。同时，也记得不要让孩子纠结于自己的弱点。

此外，还要帮助孩子在自我表达中培养创造力，认识到自己可以用独有的方式来表达自己。有些孩子通过素描、油画、着色和写作等艺术手段排解情绪；其他孩子则可能更喜欢通过互动游戏、运动、建造玩具屋或模型车来作为情绪的出口。

父母如何帮助孩子

父母要告诉孩子，他可以做自己，也能够使世界有所改变。有时也许只是一次关乎自尊的谈话，就能调动孩子的积极性。帮助孩子想象未来的自己会是什么样，这样他就能专注于实现自己的目标。帮助孩子学会照顾自己，让孩子知道，虽然生活艰难，但总有办法应对。帮助孩子每天反思值得感恩的事，即便身处困境，只要他每天找到一件可以感恩的事情，比如好天气，就能让自己感觉好一点。

父母听孩子诉苦常常会感觉不耐烦。父母一般会告诉孩子，他已经拥有很多东西了，这么幸运，应该满足。这种做法是错误的。这样只会让孩子觉得自己不被理解，以后再也不敢向父母倾诉。相反，对于孩子自认为遭受的痛苦，父母应该表达关切，让孩子感到父母在意他，也在努力理解他。

　　不论孩子是否表现出在意，父母的鼓励都不能少。如果父母能注意到孩子的积极表现，简单夸奖几句，就能对孩子产生很大影响。比如，父母如果发现孩子比以前更努力学习了，或者钢琴弹得更好了，都可以告诉孩子。晚饭后，如果孩子帮忙收拾桌椅碗筷，父母也可以说声谢谢。不论多么小的进步，都要给予夸奖，这能够有效帮助孩子回归正轨。

　　青春期的孩子如果情绪低落，和他一起享受愉快而轻松的时光很有帮助。但这可能并不是件容易的事，因为抑郁的孩子可能不愿走出来，只想一个人待着。不过，找一些新方式设法和孩子单独相处，仍然值得一试，比如一起去商场购物，或者一起看电影。与孩子在一起度过的闲暇时间往往更有价值，比如，开车接孩子放学回家的路上，就是聊天的好时机。

父母有时担心，倾听孩子讲述烦恼，会加重孩子的消极思想和自杀倾向。但事实上，父母不仅应当倾听和接纳孩子的担忧，还应当让孩子知道，如果他需要别人帮自己振作起来，父母随时都会提供帮助。如果父母对孩子置之不理，任由他不断反刍自己的经历和痛苦，独自面对困难和自责，孩子会更容易陷入抑郁。

我们不要忘了，应付焦虑的孩子也会给父母带来巨大的情绪消耗。忧心忡忡的父母总觉得不能把抑郁的孩子一个人留在家里，但也别忘了要时常给自己充电，比如定期锻炼，和朋友们见面，或者加入有着同样抑郁问题的家庭互助会。照顾抑郁的孩子会给整个家庭都带来不小的压力，家里的其他孩子可能会觉得自己被忽视了，也可能会怨恨父母。作为家长，你需要向其他孩子解释抑郁的孩子有什么困难，给其他孩子一点时间，让他们更好地理解和应对这种情况。同时，也不要因为家里有孩子得了抑郁症，就不和家人出去旅行了。抑郁的孩子可能也想参加，出去放松放松。家家有本难念的经。一个健康的家庭会承认问题、正视问题，也会一起解决问题。

第四章

父母教养方式与依恋类型

孩子要想在情感方面茁壮成长，就需要与父母或看护人保持一种亲密、持续的依恋关系，而父母或看护人也要在身心两方面都与孩子相联系。依恋是把一个人与另一个人联系在一起的情感纽带。这种纽带会使一个人产生想与另一个人保持来往的意愿，如果与之分开，就会感到痛苦。

依恋行为的特征是依恋程度越深，感情越深。因此，我们可以从这个角度来看待父母的教养。如果孩子和父母的关系进展顺利，孩子就会拥有快乐和安全感；否则，他们就会感觉到威胁、焦虑和愤怒。如果依恋被斩断，孩子会产生悲伤和抑郁的倾向。

情感纽带

孩子天生就有一种与父母或看护人形成依恋关系的内在驱力，这种早期的纽带对孩子日后的生活有重大影响。婴儿时期，不同的依恋行为具有不同的功能。微笑和咕哝是在提醒父母或看护人与自己互动；哭闹和踢腿则会触发成年人的快速反应，提醒他们为自己解决问题或提供保护和安全感；当婴儿想接近自己的安全基地但感到力不从心之时，会表现出主动接近、依附父母或看护人的行为。

仅仅一两代人之前，很多人都抱有这样的观念：父母溺爱孩子，或是过于小心翼翼地照顾孩子，到头来会把孩子宠坏。人们普遍认为，母亲溺爱孩子或是过于关心孩子成长是有问题的，过度的亲密对孩子的成长和发展有害。但随着对依恋行为 ① 的进一步认识，我们现在知道，母子依恋有助于孩子的心理发展和自尊塑造。孩子长大成人

---

① 依恋理论最初由精神分析师约翰·鲍比（John Bowlby，1907—1990）博士提出。鲍比致力于研究与父母分离的婴儿产生痛苦的本质。到了 20 世纪 80 年代，越来越多的人意识到，成年人也会产生依恋。

后，他的自尊又会塑造其建立和维持成功的人际关系的能力。每当孩子离开或失去依恋对象，焦虑就会积聚。如果孩子长期或反复地与父母分离，就会一直处在无解的痛苦之中，为以后的生活播下焦虑和抑郁的种子。

婴儿和父母之间的特殊纽带绝不是人类独有的，这种对父母在侧的渴望在整个动物界都很普遍，也是生物适应自然的进化产物。第二次世界大战期间，精神病学家观察到，在医院和孤儿院，与父母分离的婴儿在社会性发展和心理发育方面都不健全。从那时起，我们意识到，亲子关系搭建了连接孩子个人世界与社会环境的重要桥梁。正是这两个世界间的动态交互，让孩子的社交能力得以增强。越来越多的人认识到，在孩子的成长过程中，不安全依恋和抑郁症状之间有着紧密的联系。

孩子的依恋类型

婴儿有亲近母亲的本能，因为母亲的臂弯是庇护所，让孩子感到安全。这个安全基地可以让孩子勇敢地去探索世界，因为他知道自己随时可以回到母亲身边的安全地带。对大多数孩子来说，母亲是主要的依恋对象，但他们也会与其他亲人产生较为有限的依恋关系，比如父亲、祖父母和兄弟姐妹。孩子三到五岁之前，身边陪伴时间最长的看护人最好不要更换，因为这段时间是儿童大脑发育最快的时期。

对孩子来说，依恋的主要功能是得到保护远离危险。在焦虑和痛苦的情境下，面对恐惧、危险、冲突和不确定的各种因素，与依恋相关的行为和情绪最易显现。

在孩子 1 岁左右时，如果面对可怕的情境，母亲又不在场，孩子的依恋行为就会被激发。通常情况下，孩子如果被父母交给别人照顾，会感到非常不安，但只要再听到母亲的声音或是见到母亲，这种情绪就能缓解；在更紧张的情况下，孩子需要紧紧抓住母亲才能增加自己的安全感；最甚者，孩子可能需要一个长时间的拥抱才能缓解。

一般来说，儿童的依恋类型有三种：安全型、焦虑 -
矛盾型和回避型。安全型依恋的孩子在探索周围环境时，
会把父母当作安全基地。这样的孩子在父母离开时不会非
常痛苦，父母回来后则会很开心。每当他们感到害怕时，
就会向父母或看护人寻求安慰。父母对他们的需求反应迅
速，孩子也确信父母会给予回应。

焦虑 - 矛盾型依恋的孩子很难把父母或看护人看作安
全基地。一旦和父母分开，他们通常会非常痛苦，等父母
回来，他们又会闹别扭。这样的孩子不愿意探索周围的环
境，即使父母在场，也对陌生人保持警惕。这是缺乏母爱
的表现。

相较之下，回避型依恋的孩子在父母离开时不会表现
出痛苦，父母回来后也没有太多情绪反应。他们不喜欢
探索，也会躲避父母或看护人。面对看护人和完全陌生的
人，这类孩子并不会表现出明显的选择偏好。此类依恋可
能是看护人对儿童情感的忽视导致的。

随着慢慢长大，安全型依恋的孩子会培养出积极的自
尊和较强的自我身份认同，也能做到自力更生。他们更
少出现焦虑和抑郁，更加独立，拥有健康的社会关系。同
时，发展健康的人际关系会增强孩子的安全感和自主性，
也让他们乐于接受和寻求帮助。

父母或看护人必须明白，孩子需要从别人那里得到什么，才能让他们茁壮成长为健康的成年人，如果这些需求无法满足又会发生什么。许多抑郁症孩子的亲子关系中充满了忽视、困惑、伤害和虐待，孩子的回忆里也都是冷漠、拒绝和失望的场景。

亲子关系不是决定孩子行为的唯一因素，但了解孩子过去的社会情感经历可以帮助我们深入理解他的个性和人际关系的特点。早年父母的照料经历、孩子的成长、孩子的行为三者之间的关系是复杂的，但从总体来看，依恋关系是一个重要因素。我们可能会发现，孩子过去和现在的经历，以及他的内在心理自我和外在社会自我之间的相互作用，都是复杂而难以捉摸的。然而，我们肯定知道，某些不当的教养方式和家庭关系会教出攻击性强、适应性差的孩子。

需要注意的是，依恋行为较多时，探索性行为就会相应减少。如果孩子总是处在高度焦虑的环境下，就很少有时间和精力去享受探索、询问和好奇的天性所带来的益处。对探索性行为的抑制，可能会对孩子在心理社会环境下的适应能力和生存技能的培养产生不利影响。

从婴儿到学龄儿童

婴儿天生就懂得合作。从出生的那一刻起，父母的注意力就集中在婴儿身上，每个家庭成员也都在迎接新生命的诞生。敏感的母亲很快就能适应婴儿自然的哺乳和睡眠节奏，发现什么东西最适合婴儿，以及最好对婴儿做出怎样的回应。这一过程让婴儿心满意足，也乐于合作。婴儿早期与父母保持亲密关系的意愿往往非常强烈，一旦婴儿突然与父母分开一段时间，他就会感到苦恼，拒绝任何人的安慰或照顾。通常，母亲会是婴儿的依恋对象。不过，只要是在其幼年时扮演了母亲角色的人，婴儿都会与之形成依恋。

依恋行为让婴儿与看护人变得亲近。正是通过这种亲密关系，孩子才能了解自己与他人，了解人们的行为和社会生活的本质。通过观察他人的情绪表达，婴儿开始注意到他人的情感状态。通常等孩子到了两三岁，开始学说话、变得更灵活的时候，父母会尝试教孩子一些新技能来塑造他的社交行为。对情感加以引导，能让孩子更好地与社会群体中的其他成员互动。

等孩子到了蹒跚学步的阶段，就不太需要在身体上依赖父母了。相反，孩子更需要独立。他开始与父母分离，变得越来越自主。只要在心里知道父母一直都在，孩子就有充足的安全感。

在亲密关系中，幼儿会根据他人给予支持和提供保护的意愿来确立自我价值的心理模型。这种能力提高了孩子的理解力和效率，也有助于提升社交能力。正是在与他人交往的过程中，孩子认识了自己，也认识了他人。所以人际关系是孩子寻求解决方案的手段。不过这也意味着这些亲密关系的质量对孩子如何理解自我、他人和社会交往有着深远的影响。对于自己在痛苦和焦虑时他人会如何看待和理解自己、作何反应，孩子都会产生想法和期望。这些想法和期望在孩子几个月或几岁的时候建立起来，形成的心理模型为其随后的发展绘制了轨迹。

随着孩子依恋关系的内化，他所拥有的高质量的社会经验就变成了一笔心理财富。它会影响对自身和他人的看法，也能影响行为、交际风格和社交能力，并逐渐形成自我个性。

随着成长，孩子对与父母分离的容忍度越来越高，父母不在也能更自在。到了上学的年纪时，即便和父母分开好几个小时，孩子也不会表现出任何痛苦的迹象，这反映了孩子与日俱增的探索周围世界的渴望。他很快就能认识到，离开父母并不意味着自己被抛弃了，这让他得以在户外和远离家的地方玩耍。孩子对亲子关系有较强的信心后，就会开始与自己的朋友发展其他依恋关系。

学龄儿童的依恋是一种安全感的产物，这种安全感源于儿童在与教师的互动中得到的支持。即便在缺乏持久情感纽带的关系中，孩子也可能表现出寻求庇护的行为。比如，有些小学生在学校里做有挑战性的作业会更有安全感，因为最喜欢的老师就在身边，尽管老师可能并不是孩子的依恋对象。

在童年中期，孩子越来越能自己把道理讲清楚，也能根据情况调整行动目标。为了实现更大的计划，获取解决问题的新信息，他开始考虑各种行动的优先级。孩子能够更好地理解自己和看护人的观点，也就能更好地调节和表达自己的情绪了。慢慢地，孩子的计划变得更完善了，执行起来也更加得心应手。

关注钥匙儿童

有一种孩子更容易焦虑和抑郁——钥匙儿童[①]。有些家

[①] 脖子上经常挂钥匙的孩子，指因为父母出去工作，放学后独自在家、无人照看的孩子。——译者注

庭没有足够的财力在放学后把孩子送到托管班，于是这些自己带钥匙回家的孩子，只能独自面对空荡荡的房间。他们缺乏成人的看护，大部分时间只能自己照顾自己。钥匙儿童出现不安全依恋的概率较高。他们害怕自理，这会压制自尊，对他们的社会适应能力产生影响。因为放学后缺乏成人的保护，钥匙儿童普遍更加焦虑。独自在家照顾自己本身就是一种可怕的经历。如果父母没有给予足够的关注或采取适当的应对策略，孩子就找不到正确成长的方式，这可能会影响他们的自我认知和适应新环境的能力。

克莱门特谈父母缺席与焦虑

克莱门特刚满 40 岁，抑郁症给他的生活和工作造成了很大的影响。他回忆道，在无爱家庭里度过的童年很痛苦，"钥匙儿童"是自己抑郁的一个重要原因。

小时候，我和父亲之间没有太多的互动。除了他作为老师会指导我的功课和家务以外，我们没有坐下来聊过天，他宁愿独处。他总是很晚才从学校回到家里，然后就坐在后屋，直到晚饭准备好才出来。吃过晚饭，他又会回房间一个人待着。

我们也很少有肢体上的亲密举动。在我家从来都没有太多肢体接触，没有拥抱，没有拍打，也没有击掌。直到今天，我偶尔还会觉得拥抱别人很尴尬。

因为我父母都是老师，放学后总是由保姆照看我，她是邻居家的妈妈。那时我大概9岁或10岁。后来父亲好像和邻居家闹翻了，于是我就变成了钥匙儿童。

那个时候我父母的关系也很紧张，婚姻濒临破裂。据父亲说，很明显，从我出生起，他和母亲的关系就一直在恶化。父亲没有再给我安排放学后的看护人，他觉得我已经长大了，可以自己带钥匙回家了。保管家里的钥匙让我非常焦虑。除了担心弄丢钥匙会惹父亲发火，他还不停地释放可怕的信号，说附近不安全，所有的门都要上锁并仔细检查。

独自在家对孩子来说是一种可怕而危险的经历。要想对钥匙儿童有所帮助，父母可以和他们一起完成一些家庭日常事务，还可以训练他们采取预防措施，比如让他们在接电话时告诉对方父母现在没空，而不是说父母不在家。也可以安排孩子和朋友下午一起玩玩，打发单调乏味的时光。父母可以教导孩子，独立和智慧是美德，但不能赋予他们太多的责任，同时也必须让他们表达出自己的恐惧。最好与邻居搞好关系，请邻居在孩子有需要的时候帮把手。与此同时，孩子还需要得到更多的家庭支持，比如提供紧急联系电话，关心兄弟姐妹之间的沟通，听取孩子对家庭事务的意见等。

对克莱门特来说，弄清楚自己童年的问题并不容易。我们知道，长时间无人看管的孩子往往会觉得自己被遗弃了，感到沮丧、愤怒，甚至是绝望。独自一人的经历以及生活在混乱的家庭里可能是他抑郁的主要原因。研究发现，对小学生来说，一周内超过 12 小时的独处就是有害的，容易导致抑郁。如果父母长时间不在，孩子的生活中就需要有其他重要的成年人角色。孩子也应该做些其他事情来打发时间，而不是背负着大人的责任，被压得喘不过气来。

一般来说，成为钥匙儿童对不同年龄的孩子影响不同。对于 10 岁以下的孩子，恐惧、孤独和无聊是最常见的反应。对于 10 岁出头的孩子，这会让他们更容易受到同伴压力的影响，沾染上酗酒和吸毒的恶习。对于更大的孩子，他们会比其他孩子更容易出现行为问题，抑郁风险更高，也更自卑。不过，在适宜的家庭环境下，钥匙儿童

也可以因为早期就承担了自我照顾的责任而从中获益。这
需要父母与孩子保持持续的、支持性的沟通，并对孩子的
行为和情绪变化保持敏感。父母还需要经常公开表扬孩
子，因为他履行了自己的自理责任。

从青少年到成人

　　青春期是一个过渡期。在这个时期，孩子会做出巨大
的努力来减少对依恋对象的依赖。尽管如此，依恋行为并
没有消失，而是逐渐转移到了同龄人身上，这使得依恋关
系从主要接受他人关怀的亲子关系，转变为同时接受和提
供关怀的同伴关系。如果产生跨性别的依恋，也许彼此就
会坠入爱河，最后携手终生。

　　成长中的青少年经常积极地、有意识地与父母脱离依
恋关系。这时，孩子与父母的关系更像是束缚他的绳索，
而不是提供安全感的锚。其实，青少年发展自主性的一个
关键任务，就是在走向社会的过程中逐渐消除对父母支持
的依赖。

　　在青春期，自我与他人的分化程度急剧增加。这种分
化形成了一个更统一的自我观念，认为自我存在于与父母

的互动之外。在这个阶段，孩子可能会意识到，父母在某些方面可能无法满足自己的依恋需求，而其他关系则更有效果。因此他们会以更加开放、灵活和客观的态度去评价过去的关系，这是青春期安全依恋的特征。

随着青少年的成长，他们在处理与父母的依恋关系方面变得更加老练了。如果半夜不想回家，他们不仅会考虑自己想刷夜的意愿，还会考虑与父母保持信任和亲热的因素。孩子减少了对依恋对象，也就是父母的依赖，父母则需要在正确的背景下理解这件事。这种变化反映的是孩子依赖程度的降低，而不是亲子关系重要性的下降。

能够在更大范围的社会中进行互动，且拥有更强的情感自主能力，是孩子成长的一个关键里程碑。这种自主性不一定是在孤立中培养起来的，在与父母保持密切、持久的关系时也得以发展。在获得自主性和维持亲子关系之间保持谨慎的平衡，是实现安全依恋的关键。寻求自主的行为可以被视为探索系统的一部分，青少年通过这一系统寻找着自主生活、不在情感上依赖父母的方法。如果没有这种探索，建立长期的恋爱关系和打造富有成效的职业生涯等社会性发展可能就会更加困难。

到了青春期中期，与同龄人的互动会是亲密关系的重要来源，也是获得社会行为反馈、社会影响、依恋关系和终身伙伴关系的重要方式。到了青春期后期，父母对孩子自主性的要求越来越高，孩子就会把同龄人当作依恋的对象。随着同龄人关系的发展，孩子就慢慢开始谈情说爱了。在性和依恋的驱动之下，孩子会与具有共同兴趣和强烈情感的人发展新的同伴关系，最终取代早期亲子关系的功能。

在成年期，人们通常会对那些可以与之分享生活的人产生依恋。成人依恋与亲子依恋有很多相似之处。与婴儿类似，如果成年人能够从同伴那里得到持续的安慰，他们往往也能够对他人产生信任感，更愿意吐露心声。这会鼓励他们在压力下寻求与他人的亲密关系，并提供安全感。同样，不尽如人意的互动也会带来不安全感。依恋焦虑水平较高的人通常在过去的关系中没有得到始终如一的支持和照顾。此外，那些对自己的情感需求轻描淡写的人，很可能有过对方对自己的情感缺乏回应的经历。

不安全依恋策略

"痴迷"（preoccupied）和"疏离"（dismissive）是两种不安全依恋策略，在心理社会功能的相关问题上有所反映。

青少年抑郁症常与父母依恋的不安全有关。这些孩子倾向于使用"痴迷"的策略，把问题和抑郁内化。因为早期的依恋需求得不到满足，他们渴望亲密，却对自己的价值感到怀疑。通常在别人眼里，他们看上去很黏人，往往寻求极端亲密以获得情感上的安慰，对被抛弃抱有一种非理性的恐惧。

曾经有位抑郁的年轻女性和我分享过，她是如何在缺少父亲的家庭环境中成长的。她的父亲是一名海员，两年才回一次家。现在，她长大了，自己也工作了，但每当独自一人，没有和朋友共度闲暇时光时，她的情绪就会受到影响。最近有一次，一想到要独自一人度过漫长的周末，她就非常绝望，于是在手机上下载了一个交友软件，结交了一个新朋友。她立刻开始和那个男人约会，却发现这家伙的兴趣更多的是性而不是友谊。

使用"疏离"策略的人在人际关系中主要关注自主性和控制感。他们在潜意识里害怕看护人不可靠，觉得亲密关系是危险的，这往往会导致情感的疏离。这样的人通常都很享受独自生活，不寻求也不渴望亲密关系，很会自给自足。

我记得很多年前我碰到过一个这样的例子，那时我还是一个在公立医院急诊科工作的年轻医生。一天晚上，一个二十出头的年轻人来看病。他的手腕扭伤了，伤势很轻，但我还是安排了 X 光检查。在向他解释 X 光照片上骨骼结构的特征时，我注意到他没来由地突然变得很情绪化。不过他恢复得很快，马上就又镇定自若了。我小心地试探了几句，他向我透露：他曾经是一名医科学生，由于和父母的关系有点问题，中途就放弃了学业。从那以后，他找了一份工作，上了会计夜校，也决定离开家独自生活。他自信地向我保证，他自己一个人过得很好。

父母教养方式

孩子的成长同亲子关系的两个重要方面有着密切的联系——父母的回应有多积极，要求有多严格。回应积极的父母对孩子总是热情接纳，享受孩子的陪伴，并且能够从孩子的角度看事情。相反，回应不积极的父母对孩子的情感需求往往回以冷漠、排斥、挑剔、麻木不仁。

要求严格的父母坚决维持对孩子行为的一贯标准。与此相反，宽宏大量的父母很少提供指导，而且常常对孩子的要求让步。当父母回应积极，且要求适中时，孩子会成长得更好。通过把父母不同程度的回应和要求进行组合，可以形成四种父母教养方式，如下图所示。

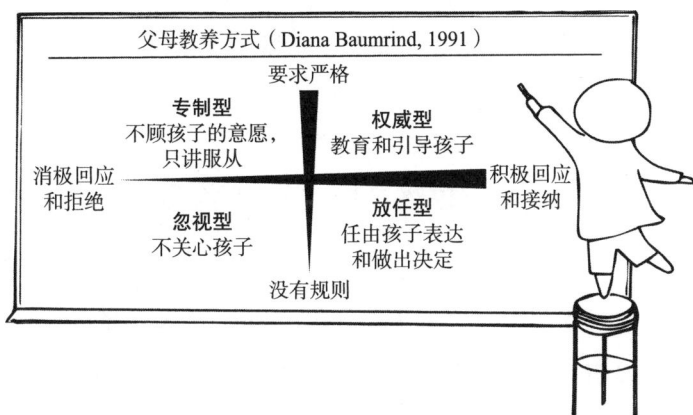

权威型父母回应积极，要求严格，他们用爱和感情管教孩子。这类父母倾向于向孩子解释他们的规则和期望，而不是简单地把规则强加给孩子。在这种教养方式下长大的孩子往往自力更生、自控力强、活泼开朗，对新环境新事物充满好奇，也擅长游戏。

专制型父母和权威型父母不同，虽然对孩子的要求也很高，但风格有所差异。这类父母要求子女盲目服从，而不是让孩子充分了解当下的情况、可能的选择以及每种选择的后果。他们依赖严格的纪律，希望事情按自己的方式进行，会使用强制性的语句，比如："我想让你这样做，

因为我这么说了。"他们经常使用体罚和撤回情感来控制
和塑造孩子的行为。他们对孩子的需求不做出回应，大部
分时间也不是在养育孩子。这种环境下长大的孩子往往喜
怒无常、不快乐、恐惧、易怒、孤僻。

克莱门特谈专制型教养与焦虑

克莱门特之前分享了自己作为钥匙儿童的
经历。在他的家庭环境里，父亲纪律极为严明，
经常使用体罚。父亲去世后不久，他开始显露
出抑郁的迹象，也有过自杀的念头。对于专制
型父母如何影响了自己小时候的情绪状态，他
谈了一些看法。

我父亲很专制，我就是在这样的环境下长大的。一切
都要严格按照他的规则来做。如果不遵守规则，即便是一
些小事，他也会生气，比如东西必须放在固定的地方。如
果遇到更严重的问题，父亲会用鸡毛掸子打我的手心。

我童年的焦虑都源于父亲是一个高高在上的管教者和
虐妻者。我记不清自己每次因为什么被打，但是那种灼热

的感觉让我的骨头痛得发酥。虽然我记得自己平时很守规矩，也不叛逆，但我仍然没能遵守父亲的所有规则，也总是因此受到惩罚。父亲洪亮的骂声让我在他面前变得无比温顺。

父亲殴打母亲的场面比打我更可怕。我记得有一次，父亲从厨房里拿出一个木凳，不停地向母亲砸去。母亲蜷缩在卧室的角落里，用双手抵挡着父亲的殴打。我不敢想象如果他把怒火发泄到我和哥哥身上会发生什么。他几次向母亲发脾气的回忆，至今仍让我心烦意乱。

放任型父母回应积极，但要求不高。他们对孩子没什么期望，也不怎么管教。比如，如果一个还在上幼儿园的孩子饿了，想要额外的零食，这类父母会给他任何想吃或者想要的东西。在这种环境下成长的孩子往往缺乏社会责任感和独立性，但会比专制型教养下易怒的孩子更快乐。

忽视型父母对孩子既没有回应，也没有要求。他们没有为孩子设定严格的限制或高要求，基本上忽视或漠视孩子对爱和规则的需求，对孩子的生活也漠不关心。与上述放任型父母不同的是，忽视型父母甚至连孩子饿了也不管。在这样的环境下长大的孩子往往有冲动行为，甚至可能犯罪或染上毒瘾。在缺乏自我调节的情况下，孩子长大后出现心理问题和自杀行为的风险也更高。

如何养育有依恋问题的孩子

有些孩子生来就被温柔相待，相较之下，那些被忽视或被遗弃的孩子往往必须同原生家庭的生活观念作斗争。他们中的许多人在早年受到了虐待或遗弃，于是错误地认为自己不好，有缺点或是天生有缺陷。这种情况在收养的孩子中尤为常见。孩子可能下意识地认为，既然自己天生就有缺陷，任何行为的改进都毫无意义。如果不改掉孩子的这种想法，再好的教养方法也不会奏效。

许多领养孩子的父母没有意识到孩子在幼年时期可能遭遇的创伤或忽视。许多人满怀期待地领养了孩子，但当他们意识到自己所爱的这个漂亮孩子没有能力以他们希望的方式回报自己的爱时，就会感到困惑和失望。儿童的依恋问题不会随着收养而消失。这些孩子在人际交往上面临很多问题，但是只要正确引导，他们可以显著地好转，更好地与他人建立联系。

为孩子提供急需的依恋可以帮助问题孩子改变错误观念。以讲故事的方式来加强亲子关系是个好方法。不要只关注孩子的行为问题，父母可以给孩子讲一些故事来模拟解决不同情况的办法，也可以借助玩具进行角色扮演，通过互动来说明问题和可能的解决方案。随着亲子依恋的加深，许多行为问题会随之消失，因为孩子开始改变对自己的看法，也逐渐明白了父母或看护人是真心为他好。

除了提供健康的依恋，父母还需要给孩子划清界限、制定规则，帮助孩子学习如何驾驭自己的生活。有些孩子可能在感知方面有问题，父母或看护人需要格外留意。他们容易曲解别人的言行，做出负面的解释。他们不愿意在沮丧时寻求帮助，反而习惯于消极关注，因为这与他们过去的消极经历和错误信念是一致的。他们经常被强烈的内心情绪淹没，这些情绪阻碍了应对能力的提升。如果孩子过去一直缺少看护人，可能已经习惯了自己照顾自己，而不依赖他人，表现出明显的支配行为。

由于存在依恋问题的儿童情感不成熟，发育也不平衡或略有延迟，因此很难找到适用于所有年龄段儿童的单一教养方法。除了提供一段更有安全感的关系，父母或看护人还需要给孩子一种可以自己做主的感觉，这能扭转孩子的错误信念，帮助他塑造积极的自尊。帮助成长中的青少年建立身份认同，让他觉得自己是有能力、有才华的，周围有很多爱他的人，这是很重要的。

　　过去曾被遗弃或忽视的孩子往往更焦虑，更容易被负面情绪、环境噪声或高压场景压垮。因此，在孩子的行为问题得到解决之前，大人需要使用一些特殊技巧让孩子平静下来。父母或看护人必须根据孩子的特殊需求调整干预措施，根据孩子的情绪年龄而非实际年龄来衡量他们的期望。如果父母期望孩子按实际年龄行事，孩子可能会不知所措，进而表现出相反的行为。在某个阶段不起作用的方法，可能在日后就能起作用。等孩子和看护人之间有了更深的情感联系，也修正了自己的核心信念后，想让孩了相信自己值得生活中的一切美好事物，就能变得更容易了。

　　尽管不少父母因为孩子的心理问题经历了许多痛苦和困难，但在治疗过程中，父母的爱仍然是治愈孩子最强大的动力源泉。

第五章

理解情感痛苦与自杀

过去人们普遍认为，没有一个神智正常的人会想要结束自己的生命，那些不想活了的人肯定是精神上有点问题，而不是仅仅出于痛苦。在这种传统观念下，自杀被视为心理障碍的产物；而自残者也被认为是失去了理性思考的能力。因此，自杀倾向被看作一种驱使个体采取自杀行为的疾病。这样也就不难理解，为什么医疗保健体系将采取干预措施、预防自我毁灭行为视作一种公共责任了。而且由于人们认为自杀行为是精神疾病中的不适感引发的，因此这种观念就更牢不可破了。

但现在，我们更倾向于反对这种观念，开始将自杀倾向视为一个情感痛苦和绝望的指标。我们不再将抑郁类疾病视为自杀的根本诱因，而是把这些患者视为处于慢性情感痛苦之中、与痛苦和绝望作斗争的人。看不到好转的希望，人们会觉得自己还不如一死了之。如果生活环境如此痛苦，那么死亡对他们来说就是逃避的途径。其实，患抑郁症的孩子往往都会抱有这样的自杀念头，觉得如果自己死了，父母就会后悔失去了他，会更爱他。这种想法很危险，等孩子到了青春期，这种念头可能就会进一步发展成真实的自杀。

　　人们越来越认识到，很多由于焦虑而产生的情感痛苦，其根源都在于童年初期缺乏沟通。而这往往是由于缺乏有爱的人际关系，或是因为失去亲人的悲伤导致的。不幸的是，父母经常教导和鼓励孩子要学会控制自己的情绪，要么孤立自己，要么戴上面具。如果孩子哭闹，父母经常会让他们出去待着，等整理好了情绪再回来。严厉的父母可能还会在孩子情绪不稳定的时候说一些伤人的话，比如："如果你继续哭，我就让你哭个够。"给已经受伤的孩子再增加刺激，无疑对他的情感成长有百害而无一利。如果孩子无法从父母或看护人那里得到爱，他会立即转向内心寻求慰藉，这只会让他把不安在心里埋得更深。

在孩子身上不断累积的伤害最终会变成日后生活中的压力、痛苦和抑郁。这种恼怒会如何表现，取决于每个人的应对方式。许多青少年通过抽烟、喝酒、嗑药和自残等行为来控制内心积攒的压力和痛苦。自残给那些把痛苦转向自己的人提供了暂时的解脱。如果孩子继续给自己灌输压力，以至于再也无法把痛苦压制在内心的恐惧之中，就会开始呼救。

绝望的外化表现

抑郁症通常会在青少年成长的某个阶段出现。愤怒和攻击性往往是并存的，却常被人们忽视。孩子可能暂时压抑了愤怒，转而向内心发泄，表面仍然给人一种温顺的印象。孩子可能有频繁的惊恐发作、哭闹和腹部绞痛，却找不到明显的原因。惊恐发作时，他可能会把自己锁在卧室或厕所里，而且变得越来越不愿意去上学。通常，孩子会有难以忍受的负罪感，如果身边缺少有同情心的听众，他可能会被绝望和不值得的情绪淹没，最终甚至可能以某种方式伤害自己的身体。然而，自我伤害的习惯本身，并不一定会构成向别人寻求帮助的充分理由。

家长要小心那些总是避开与同龄人交往、不参与任何活动的青少年，他们可能在学校被欺负了，也可能在表达一种潜在的危险。如果孩子放弃努力，对自己的外表漠不关心，可能就是在释放信号：他已经失去了希望，什么都不在乎了。

青少年抑郁可能表现为情绪持续低落、悲伤无休无止。它会破坏孩子生活的方方面面，为培育自杀念头提供了一方沃土。青少年不仅会感到无望、无助、没有价值，这种精神状态也会干扰学业和同伴关系。大多数青少年会表达这样一种观点：不健全的家庭是他们抑郁的主要原因。父母经常在家里吵架、打架，或者父母分居、离婚，对孩子的童年期抑郁有很大影响。

父母和老师最有可能识别出青少年抑郁的迹象。他们经常与孩子接触，能够感受到孩子的情绪和行为变化，比专业的心理医生更了解孩子。如果觉得孩子不对劲，父母应该相信自己的直觉。

自杀念头从何而来

青少年出现自杀念头要比人们想象中更为普遍，与他人争吵、人际关系破裂或考试失利都有可能成为诱因。通常情况下，自杀念头都有预兆。每次孩子谈论死亡或自杀，我们都必须认真对待。同样，孩子的一些妨碍到正常生活的情绪和行为上的异样，也应引起父母和老师的注意，因为孩子可能患上了抑郁症。如果觉得孩子不对劲，父母应该相信自己的直觉。毕竟，父母比任何人都更了解自己的孩子。

许多青少年在与父母争吵后试图自杀，因为他们的内心充满愤恨。孩子把对自己和父母的爱与关心抛诸脑后，只觉得父母是有罪的，把自己推到了绝望的边缘。失控和无助的感觉让孩子产生了这样的想法：自杀可以扭转这种局面，帮助自己重新获得对人生的控制权。自杀的念头让孩子幻想，父母到时就会感到无能和无助，而自己就大获全胜了。

也有许多试图自杀的青少年觉得别无他法，只能做点什么让那些折磨着自己的精神的人闭嘴。他感到自己被一种力量推向了死亡，但究竟是什么力量，当时他可能还弄不明白。有时情况会更加复杂，尤其是当青少年试图回避死亡事实的时候。孩子一方面可能想自杀，而另一方面又想相信自己会活下来。他可能会服用过量的药物让自己入睡，但其实无意自杀。

克莱门特谈情感痛苦与绝望

克莱门特在经历中年危机时抑郁症发作，
他回忆了父母的不和谐对自己童年成长的影响。

有段回忆到现在都很清晰，有一天半夜，我被父母吵架的声音吵醒了。那天父亲在外面待到很晚，我那脾气暴躁的母亲怀疑他和别的女人有染。她是那种会骑着摩托车追到马来西亚的小镇把父亲找回来的人。显然，如果母亲找到父亲，必然会是一个大场面，回家也是一顿大吵。

我记得自己在床上大哭，想让尖叫声停下来。不知为何，这些想法让我觉得，如果我死了，远离这一切，也许会更好。他们就会后悔吵架造成了我的死亡。

9岁的时候，父亲挥起木凳向母亲砸去，我还记得当时自己僵在那里，一动不动。我感到无助，我无法把这件事告诉别人，也不能做什么来阻止。12岁时，父母重归于好，我的这些想法就消失了。之后，我去了新加坡上学。

还有许多年轻人在经历绝望后产生了立刻自杀的想法，比如分手、考试失利或父母去世。然而，在产生这样的想法之前，他们往往还经历过其他精神幻想，让他觉得别无他选，只能伤害自己。

一个正常、健康的青少年知道，即便不依赖父母，自己也能得到别人的重视和赞赏。即使会有担忧，他也知道这些想法最终不会压倒他。无论多么绝望，他都可以依靠自己意识中的赞美来恢复自尊。他的内心拥有足够的爱，足以让他看到一个可以弥补失望的未来。他也有着内心的自由，可以原谅让自己失望的父母。

然而，那些在童年早期经历过创伤和折磨的青少年可能会产生不同的感受。他们的经历太过痛苦，可能没有办法恢复自尊，也没有办法消除受伤的感情给他们造成的伤害。他们会胡思乱想，有些人相信自己有精神病，有些人觉得别人讨厌自己。一旦孩子觉得，必须铲除自己所认定的痛苦与羞耻的根源，事情可能就严重了。他们可能会觉得有些不正常的想法潜伏在心里的某个地方，只有自杀，向内心迫害自己的人屈服，才能解脱。

克莱门特谈青少年时期的自杀念头

在我与克莱门特的访谈中，他还谈起了自己的自杀想法。克莱门特指出，让他的心理状况出现问题的，主要有四方面的因素。在这些因素中，无爱的环境显然是最重要的。

首先，我没有被爱的感觉。我家人不多，只有父母、哥哥和我。父亲和他的兄弟姐妹断绝了联系。每当这些亲戚来拜访我们，他都会拒绝开门，躲进里屋等他们离开。我想，既然父亲不爱我，我活着还是死了又有什么区别呢？没有人会想念我的。

其次，我的生活中充满了恐惧。我害怕父亲发火，尤其是我做了违背他的规矩和处事方式的事的时候。尽管我是个孝顺的儿子，但偶尔也会做错事，被打手心。但我从没想过要逃跑。我想，我是不知道自己该去哪儿，也害怕逃跑后父亲的反应。对我来说，对父亲的恐惧是我生命中的威胁，结束我的生命才能结束这种威胁。

再次，我对自己的家庭生活感到难过。在我童年的某个阶段，父母经常激烈地争吵。我并没有终日被脆弱的家庭状况所困扰，但我曾经对此感到沮丧。因为不想再挨打，母亲在我 11 岁的时候搬出去住了。她会在上学期间来看我和哥哥。我不知道同学和老师是怎么想的，但他们从来没有问过我这些事。

最后，反刍和怀疑加剧了我的自杀念头。从小我就总是想太多。我的思路最终往往会得出人生本质上并无意义的结论。讲道理，既然人生如此悲惨，为什么还要继续呢？

不要羞于谈论自杀

传统观念认为，自杀是可耻的，自杀的人有着根本性的缺陷，自杀的污名也就由此而来。这种污名强化了自杀者是恶人的观念，也助长了羞耻感。人们会把自杀和"谋杀自己"联系起来，词汇中包含的这种犯罪的暗示也加重了耻辱感。在一些法律体系中，试图自杀被认定为一种应受法律惩罚的罪行。时至今日，试图自杀者仍被视为博眼球的人或懦夫。还有些人认为自杀倾向可以遗传，这种观念也在进一步折磨那些经历过成员自杀的家庭。

在试图理解自杀的过程中，我们经常给自杀者贴上自
私的标签。我们觉得谈论自杀不好，可能会进一步鼓动那
些本已感到焦虑的人。我们也相信，一旦有人做出了自杀
举动，那他就会一直有自杀倾向。因此，那些有需要的人
会觉得寻求帮助是一件很难为情的事。他们担心如果透露
了自杀想法，可能会被别人觉得自己软弱、缺乏意志力，
或者来自不好的家庭。如果谈论自杀，就必须要克服羞耻
感。他们还担心，别人会不会觉得自己不值得再交往了。
所有这些感觉其实都是因为害怕自己不够好。他们宁愿保
持沉默，忘记自己因为抑郁而产生的脆弱，被周围的人看
作正常人。

象征性思维的缺失

从本质上看，有自杀想法的人丧失的是象征性思维。
象征性思维是一种思维方式，在这种思维方式中，人们会
用符号或内在表象来表示不存在的物体、人物和事件。比
如，在学龄前儿童的心目中，棍子就可以代表宝剑，浴巾
则代表超级英雄的斗篷。这些孩子会参与到社会戏剧性游
戏中，用一些物品代表完全不同的事物，把自己带入假想

的角色。这样的思维有助于孩子们更好地沟通、拓展想象力、发展社交和创造性技能。对于大一点的孩子，象征性思维能帮助他们把非物质的概念附加到具体的事物上，把事件和情感联系起来。这帮助孩子形成了世界观，明确了价值观，让他们能以更复杂的方式表达自己的情绪。我们在第一章中讲过，成人的象征性思维可以作为创意想象的工具，用以对抗焦虑。

当孩子深陷抑郁深渊，丧失了象征性思维时，就会觉得内心的迫害者是真实存在的。在这种情况下，孩子需要花费额外的精力来摆脱这些迫害者，否则就会觉得自己别无选择，只有结束生命才能换来解脱。因此，作为父母和看护人，我们需要告诉孩子，他的自杀想法并不能代表他是谁，这些想法并不能定义他。相反，这些想法是附加在他身上的，就像抑郁症的症状一样。

直面人生的苦难

青少年自杀念头的根源在于他们对苦难缺乏了解。苦难无处不在，只有真正认识到这一点，才能让自己从中解脱出来，意识到世人皆苦。

　　苦难是由恐惧、焦虑、抑郁、疲劳或失去所爱等多种情绪引发的痛苦结果。它存在于人们的脑海中，引发苦难的事由因人而异。苦难也可以被看作一种因为生活失去了意义而产生的空虚感。它与极度痛苦的状态也有关，这种状态一般都关乎威胁人身完整的事件。当人们认为即将到来的毁灭与希望的破灭息息相关时，尤其如此。

　　但另一方面，苦难对人是有益的、有价值的。不幸的是，大多数人都试图通过饮食、运动等方式来保持健康，或是通过药物来麻痹焦虑，以此消除苦难。这些方法并不能消除情感痛苦，反而会增加恐惧。我们的苦难大多来自对自己的不满，我们很难看出自己是如何给自己制造困难的。我们没有意识到，苦难能解开生命的奥秘，令我们的同情心、感恩之情和智慧得到增长。但如果走向另一个极端，由苦难引发仇恨、愤怒和复仇，我们就会感到痛苦，失去爱和希望。

　　情绪可以将意义组织起来，为我们的感官提供方向。因此，控制情绪是应对苦难和自杀想法的关键。情绪为个体提供了一种强有力的方法，将对外部世界压力的反应与内心世界的需求整合起来。当理想自我与知觉自我之间存在差异，人们就会自我觉知到自己的不足，从而产生情绪上的痛苦，接踵而至的则是因为预期结果低于理想自我的标准而导致的失望。强烈的心理痛苦会与其他情感混杂在一起，比如内疚、伤心、恐惧、恐慌、孤独和无助，最终变成一种破碎的感觉。这种精神状态与受伤的经历、自我的丧失、与他人的脱节以及对自己负面特质的意识有关。如果走到极端，会演变成一种折磨。

乐观与悲观

作为父母或看护人，我们可以帮助孩子控制情绪，尽量减少他们的抑郁症状。情绪可以是积极的，也可以是消极的。兴趣、热情、兴奋是常见的积极情绪，而痛苦、厌恶、恐惧、沮丧和恐慌则是消极情绪。一般来说，消极情绪比积极情绪更能吸引注意力。人们经常忽略的一点是，生活经历中往往包含着不止一种情绪信息。如果我们单纯地把一件事视为积极或消极事件，就错过了理解事件背后全部内涵的机会。

摆脱苦难的第一步是接受苦难的现实，并且了解它如何影响着生活中的每一个人。如果我们能从两个维度来理解情绪，那么接受这一点就更容易了。一个人可以同时既乐观也悲观。乐观主义建立在对积极事件的经验和解释之上，悲观主义则建立在对消极事件的经验和由此引发的感受之上。因此，如果我们对过去的经验加以借鉴，就可以对未来有两套预期。如果把积极和消极的情绪看作互补而不是对立的力量，就能更好地理解自己和他人。

常有人说，一个杯子是半满还是半空，取决于我们自己的判断。半满代表乐观，半空代表悲观。我们会关注自己所取得的成就，也会关注可能失去的东西。因此，即使一个人开始感觉不好，后来仍然可以转好。比如，因恋爱失败而感到痛苦的青少年，在期待一段新恋情时仍会焦急而兴奋。要想帮助抑郁的孩子，必须弄清楚他的痛苦仅仅是因为缺少积极情绪，还是也存在过度的消极情绪。

压力不全是坏事

压力是一种扰乱正常秩序、打破生活平衡的东西。在日常生活中，我们会遇到很多打乱生活安排的烦恼，来自学习、运动、交通、金融、犯罪、健康以及友情等各个方面。一旦它们破坏了我们的情感生活，我们就会将其视为压力。

每一次感到压力都会提醒我们，我们生活的世界既不稳定，也不可预测。即使准备再充分，也很难避免挑战，很难理解压力的本质。我们无法理解压力的真正含义，因为我们不自觉地把这个词融入了负面情绪之中，每次生气、焦虑或面临挑战，就会谈论生活的压力有多大。

事实上，应激反应可能有许多不同的含义。它可以指压力事件下产生的行为和想法，也可以指应对压力的努力。在医疗保健领域，应激指在压力事件中血压升高、心悸和肌肉紧张的生理反应。此外，它还可以指压力事件是否会威胁自尊以及人们对自己应对能力的信心。

我们也可以用一个音乐化的比喻来看待压力。如果思维是一段旋律，那压力就像是一段还未成形的节奏、一个不匹配的和弦，或是一次优美旋律的短暂中断。这个人暂时迷失了方向，在与外界纷扰的互动中无法听到下一个音符。压力代表了我们在生活重要方面的不确定性。

应对压力的方式

如果感到心神不宁，无法掌控生活，就有必要求助于一些措施。可用的方法有很多种。第一种方法是降低对自己的期望，避免失望；第二种方法是依靠更厉害的人来帮助自己解决问题；第三种方法是设法了解情况，接受现实，不再试图强行改变。对上述方法加以合理使用，便能达到最佳效果。如果对成功抱有希望，应该选用初级控制方法；如果接受失败才能学到更多东西，就应该选用次级控制方法。

要应对压力环境对生活造成的威胁，需要以下两种方法。一种是更好地了解压力源，同时激活积极的情感力量，让自己恢复信心。这种方法是为了获得对事件更好的控制权。另一种方法是选择回避。对深陷痛苦的人来说，采用这种方法是更普遍的选择。让自己退回到更安全的地带，可以在一定程度上控制负面情绪。在现实生活中，我们经常会在这两种方法之间摇摆不定。

经历过创伤的人会患上应激反应综合征，压力事件的一幕幕在脑海中浮现，令人饱受困扰。他们的思想被困在上述两种方法的斗争中，虽然渴望为压力事件找到一个合乎逻辑的解释，但也想要避免自己对自身和外部世界的信念受到压倒性的威胁。这种斗争在那些难以解释的严重创伤事件中表现得最为明显。MH370飞机在飞行过程中神秘失踪，人们难以接受失去至亲至爱之痛，就是一个很好的例子。发生的事件太可怕了，太有威胁性，让人在心理上无法接受。

理解情绪，适应生活

压力会让我们对自己的生活方式产生不安。在压力下，对情感信息的加工能力不如以往。结果，我们控制情绪的能力常常会受到影响，视野变得狭窄，这时判断力就更加关键了。

我们所面临的压力不一定会威胁到生命，但足以在情感上带来挑战。一件普通的小事，如果引发了我们对悬而未决问题的关注，就会影响到我们的思维方式。也许是和十几岁的儿子吵架、同事对自己骂脏话、项目提案被拒，或是和恋人的关系恶化，这样的经历会让我们紧张不安，让我们在一天中的其他时间里，只要遇到点事就忍不住恼怒。到最后我们会变得阴晴不定，对堵车毫无耐心，因办公室同事无心的错误而发火，甚至把一个简单的笑话误解为恶意的贬低。

情绪是个人意义的产物。正是由于我们为生活中的事件和环境赋予了某种意义，才会为此感到失望、愤怒，抑或高兴、自豪。为了更好地理解焦虑，我们可以想象一个生活在混乱世界中又没有地图的孩子：他需要一张地图来定位自己，构建人生意义，在混乱中创造秩序，才能在这个世界里过得舒适。然而，一旦这些人生意义受到威胁，他就会感到焦虑。

理解情感生活，要从理解每个人如何解释日常小事的意义，以及这些小事对幸福感的影响入手。就这点而言，每一种情绪中都包含一段戏剧性的情节，定义了我们认为与幸福有关的事。比如，孩子某科考试的分数很低，没有达到自己的预期，就会感到羞愧。换个情节，如果这个孩子在体操比赛中获得了金牌，受到了同龄人的瞩目，在学

校的地位大幅提高，那么他就会感到自豪。在情节中，孩
子赋予事件以个人意义，而这个事件反过来又激起了特定
的情绪。情节因人而异，然而，我们可以选择如何感受和
应对这些情境，并决定我们想要的情绪模式。

人们常说："笑一笑，十年少。"但在当今忙碌的世界
里，人们往往忘记了如何去笑，如何享受生活中的快乐时
光。在情感生活受到束缚时，笑一笑就能够带来改变，把
我们从消极情绪赋予的暗淡前景中解放出来。积极情绪的
一大重要作用是中和消极情绪。所以，笑是一种缓解压力
的好方法，也是缓解情感痛苦的良药。积极的情绪还能改
变应激的生理反应。笑能促进免疫系统功能，降低应激激
素水平。

我们很多人都忽视了压力在生活中的积极作用，正是
它定义了积极和消极情绪的广度和深度。为了了解如何培
养应对生活挑战的复原力，我们需要同时关注自己的积极
和消极心态。在生活中，人们努力高效地工作，越成功，
就越想继续做下去。逆境中的成功则并不常见。在这种情
况下，人们得以在令人不安的逆境下产生积极的成就感。
心理复原力的核心特征是一系列关乎个人在不利环境下
成功应对能力的信念。在应对长期压力，比如慢性疾病或
人际关系问题时，这种信念尤其有价值。对长期压力的有

效应对通常会增强一个人的信念，相信自己在逆境下会受挫，但不会倒下。

另一种情感生活的适应性转变方法是，在极端的社交动荡时期，我们会随时准备建立新的关系，并强化现有关系。与他人关系的好坏会影响一个人在面临情绪危机时的心理复原力。从家人和朋友那里得到的支持越多，面对压力时就越灵活、复原力越强。身边真正了解自己的人，在困难时期也会前来献上关心。

抑郁症的一大特征是，因为感到生活空虚、毫无意义，而丧失了做任何事情的动力。抑郁症患者觉得自己一文不值，是别人的负担，找不到继续生活下去的目标。这表明，意义和目的是一个人重拾自我的两个基本要求。在与抑郁症作斗争的过程中，找到人生的意义和目标，确立未来生活的希望，是一个非常艰巨的挑战。然而，这也是我们在面临压力时，天生就有的一种自然适应力。即便在最糟糕的情况下，大脑似乎也会有组织地推动我们前进，去发现积极情绪的来源。在支离破碎的生活中，那些耀眼的光芒常会射入人心，以惊人的治愈力为我们带来生活的意义。

下一章我们将探讨另一种极端的情绪应对方式——自我伤害。

第
六
章

理解自我伤害

▼

　　自我伤害①是另一种应对情绪的方式，通过伤害自己的身体来表达内心的苦难和情感痛苦。自我伤害最常见的形式是割伤自己，本章重点关注割伤皮肤表面的行为。除此以外，自我伤害还包括很多其他形式，例如服毒、烧伤、撞头、砸墙、暴饮暴食。自我伤害行为隐含的意思是，自己的身体会受到故意而且往往是习惯性的伤害，但并不致死。那么，为什么会有人用这样的方式来给自己的身体造成痛苦的伤害呢？

　　显然，实施自我伤害行为的青少年是相当痛苦的，他们中有许多人在过渡到成人的阶段会产生较强的自杀倾向。读者可能已经意识到，这些对身体的伤害，是之前所受心灵创伤的隐喻。自我伤害是一种无意识地在自己身体上留下标记的行为，这些标记记录了患者过去的关系和经历。

---

① 最新版本的《精神障碍诊断与统计手册》（*Diagnostic and Statistical Manual*，一本专业医疗人员用于分类和诊断精神障碍的手册）纳入了一个新术语：非自杀型自我伤害（NSSI）。这一术语被定义为出于未经社会认可的目的，蓄意但并无自杀意图地伤害自己身体的行为，包括割伤、灼伤、咬伤和划伤皮肤等。

无声的呼救

　　人们伤害自己的原因和方式各不相同，有时自残行为也会致死。尽管看起来有悖常理，但在自己身上制造伤口，确实可以让部分人感觉更好。这种行为让他们觉得自己是活着的、真实的，能够掌控自己的生活。

　　并不是所有人都是故意伤害自己的。一些人可能因自残而丧命，但其实他们一开始并不想死。另一些人自残不是为了应对抑郁，而是想在生活中寻找更深刻、更刺激的东西来释放自己的能量。比如，一位著名的奥斯卡获奖女演员曾割伤自己，因为她感觉自己变成了笼中之鸟，想要寻找新的刺激[1]。

　　在帮助孩子克服自我伤害习惯的过程中，更重要的是关注孩子的意图，而不是他行为的后果——即关注孩子为什么这样做，而不是伤害造成了什么结果。这能让看护人更好地了解孩子行为问题的根源。诚然，探究孩子行为

---

[1] 文中女演员自残的故事在《每日邮报》中有详细报道，详见 www.dailymail.co.uk/tvshowbiz/article-1292866/Angelina-Jolie-driven-cut-I-felt-caged.html。

背后的意图往往困难重重，因为这些割伤自己的人很少透露自己的意图。对他们来说，自我伤害的原因是隐私，很少有人能获知他们的意图。在自我伤害意图不明确的情况下，我们可以尝试进行猜测，但也有可能被引向错误的方向。

人们普遍认为自我伤害与自杀是不同的问题。伤害自己是想要解决自己的问题和痛苦，而不是试图结束生命。然而，即便是同样的自我伤害行为，不同的人也有着不同的意图和表现。例如，一个人吸毒过量致死，可能是在向世界宣告，自己的生活太过悲惨，宁愿一死了之；也可能是一种惩罚自己的方式，出于内疚感或羞耻感；又或者是把责任推到父母身上的一种行为，因为父母对其造成了一些真实的或想象中的伤害。

从这些例子中我们可以看到，自我伤害是一种潜在的、强大的、沉默的语言。它使用身体语言而非言语和情感，是一种处理内心混乱的尝试。人们可能用刀在自己的皮肤上刻下一个"自我的故事"，以此向他人传达自己的心境，希望有人能理解和关心自己。这是一种试图通过呼救与他人建立联系的行为，而非像自杀一样的绝望表达。自我伤害的主要目的是至少在短时间内，用身体上的痛苦来消除精神和情感上的痛苦。在这段时间里，人们希望与自己的内在自我建立联系，而内在自我可能仍以一种深刻的方式与他人保持着联系。不幸的是，照顾自残患者的医护人员往往无法解读这层深意。相反，他们通常只会在意患者是否有死亡倾向或是死亡危险。

自我伤害的心理隐喻

从更深层的心理学角度来说，割伤皮肤表面有着深刻的含义。伤害自己模糊了身体和自我之间的隐喻区分。当一个人把愤怒和好斗向内转化，身体会感觉到其与自我相连，同时又相互隔绝。潜在的动机是攻击自己内心噩梦般的想法，并将它们拒之门外。这些想法通常是由之前经历中那些令人不适和恐惧的感觉带来的。

人们被困在一种压倒性的残暴内在力量和想要从中摆脱出来的矛盾心理中。因此，心灵的创伤是被奴役的恐惧与对自由的渴望相冲突的一种隐喻性表达。在某种程度上，割伤自己象征着在两种困难的精神状态之间主动创造出了一道边界。与此同时，它在混乱中恢复了某种秩序感，允许以流血的景象和痛苦的体验来开启某种短暂的解脱。

　　当皮肤的完整性遭到破坏，这个人就有意识地通过皮肤表面从外部世界侵入到内心的避难所，伤者会感到受伤、污损、痛苦。这本质上是一种来自外来者的攻击行为。穿透皮肤象征着分裂的自我，是对早年间自我与他人关系的复制。在突破皮肤后，入侵者就转变了角色，成为护理受伤身体的护士。护理自己造成的伤口可以看作婴儿早期被母亲照顾经历的重现。因此，割伤自己可以被视为用渴求健康、滋养的那部分自我来照顾和理解受伤的那部分自我。

　　那些故意割伤自己的人经常会说，当痛苦和绝望的感觉压倒性地扑来，施加痛苦反而是一种快速的解决办法。然而，对他们的朋友、老师和父母来说，这种行为是问题而不是解决办法。

瑞秋谈自我伤害

瑞秋从小就有抑郁和自残史，她把自残的习惯归咎于父母之间的不和谐关系和无爱的家庭环境。她曾试图向人们解释自己自残背后的动机，以及寻求帮助过程中的复杂性，但很受挫败。第一次见到她时，我注意到她的手腕和前臂上布满了伤疤，身上还有许多文身。当时，她还有进食障碍。她回忆了早期割伤自己，以此来表达情感痛苦的经历，从中可以窥见她的阴影自我的活动。

显然，从年纪很小的时候我就开始伤害自己了。每次妈妈让我做我不喜欢的事情，我就自残。家里铺的是镶木地板，木板之间有凹槽。我会坐下来，用腿反复在凹槽上磨蹭直到流血。一旦我感到疼痛，就不再难过了。然而在我做这种事的时候，人们并不觉得这算是自残，只有拿刀割自己才算。有件事我希望咨询师能明白——抑郁症不仅仅表现为割伤自己。

家里的墙壁凹凸不平，有尖锐的突起。每当我不高兴的时候，都会用手摩擦墙壁，直到受伤。但没人会注意。

有一天，我手腕上刮出了像"条形码"一样的伤口，这次有人看到了。妈妈让我坐下来，问我："你为什么要割伤自己？"我的第一反应是："我这样做已经很久了，只是你没有注意到而已。只有哪天我拿刀割腕，你们才会注意到！"

人们仅仅是在担心自残这一行为，这是毫无意义的。他们觉得这是一种自杀倾向。这就是为什么我会告诉咨询师，如果今天来咨询的人前臂上有割伤，并不代表他想死，他是在想办法帮助自己。真的有自杀倾向的人会去上吊，那才是真正想自杀的人会做的事。割伤自己并不是要自杀，只是真的很想得到帮助，但有些人已经厌倦了寻求帮助，因为根本没有人在意。他们会说："既然这样，我一遍又一遍地重复又有什么意义呢？"

把自己内心的魔鬼告诉别人并不是件容易的事，这会让你感到很脆弱，真的很可怕。所以你可以想象，如果你去寻求帮助，把自己的问题告诉别人，却发现他们根本不听，你会有什么感觉！有时候，听了来访者讲的故事，治疗师可能反而会让他们更加觉得自己有错，就好像来访者产生这些感受本身就是错的一样。因此，寻求帮助会适得其反。

我从小学五年级开始割伤自己，小学六年级第一次试图自杀。所以，我的伤疤已经很老了，也很深。其他人通常用刀片，但我选择用钢笔。第一次割伤自己的时候，我感到一种无法控制的愤怒。我想消除这种愤怒，但又不想伤害任何人，所以我对自己动了手，这样我想停的时候就可以停下来。就像是告诉自己："好吧，我感觉到现在很疼，我要停手了。"

那种感觉太好了！那次尝试之后，我就对疼痛上瘾了。我可以放心地告诉你，十个自残的人中有九个是为了感受痛苦才这样做的，他们喜欢那种感觉。这就是为什么他们中的很多人也会文身，因为他们会不断尝试寻找更强烈的疼痛。这也是我自己有这么多文身的原因，我甚至还去文了眼线。我的痛觉阈限很高。即便到现在，我还在坚持文身，仍然想探索身上哪里最痛。所以，如果听到人们说在某个部位文身很痛，那里便是我下次文身的地方了！

自我伤害的理由

如果孩子反复使用自我伤害的方法来管理痛苦和应对压力，日子一久，就会形成自我伤害的习惯。孩子之所以喜欢用刀割伤自己的手腕和前臂，是因为自残造成的肉体疼痛和导致自残的情感痛苦比起来，要好受多了。但是，孩子的父母或看护人很难理解这一点，通常他们会对自残行为感到震惊，继而做出愤怒、厌恶和谴责的反应。

我从许多患者的经历中了解到，割伤皮肤的行为可以立即缓解情感上的痛苦。一位患者曾告诉我，她割伤自己时感觉自己是"活着的"，在流血的那五分钟里，她感到自己在地球上的存在是"真实的""值得的"。不过，她也说身体上的疼痛一消失，这种感觉就没有了。

从心理学的角度来看，割伤自己是拥有和控制自己身体的一种方式。通过转向自身内部，攻击自己的身体，个体从中找到了慰藉，得以更好地处理自己的情绪混乱。基于这种理解，父母和老师可以更加尊重孩子，以便给予孩子情感支持，这是提高孩子抗压能力的一种有效方式。

年幼的孩子在面对压力时往往处于不利地位，因为他们还不够成熟，很难认识到自己的情绪问题和情感需求。同时，他们可能也无法将自己的问题和需求传达给那些可以提供帮助的人。孩子无法洞察内心，描述自己的紧张，也就根本无法寻求帮助。如果不能通过语言来传达感受，更简单的办法就是通过行为来表达自己的绝望。孩子会发现，每次焦虑和绝望发作时，用刀割伤自己更简单。有时，孩子会觉得，自己是要在伤害自己和对父母倾诉之间做选择。因此，与家庭成员进行良好的沟通，让孩子感到被理解，对防范抑郁和自我伤害极其关键。

一些自残的人会以错误的想法和思维方式来为自己的行为辩护。例如，他们可能认为自残是完全可以接受的，因为这并不比他们父母的酗酒行为更糟。有些人甚至觉得自己这个人、这样的学习成绩，理应得到惩罚。这些不合逻辑的想法可能是由家庭问题，或是青少年时期的痛苦经历造成的。

有时候，把注意力放在割伤自己的疼痛上，能帮助孩子暂时忘却其他烦恼。他们觉得分心是一种释放紧张情绪的有效方式，能帮自己应对困难，继续生活。另一些孩子则把割伤自己看作一种自我惩罚，能减轻内心对自己的不良情绪。

珍妮谈自我伤害与暴饮暴食的自我惩罚

珍妮刚满 30 岁，尽管在外人看来她光彩迷人，但她对自己的外表和单身状态深感沮丧。多年来，她一直在割伤自己，并将之视为对自己没有达到自身期望的一种惩罚。珍妮的例子也说明了自我伤害与进食障碍之间的关系。她很自

卑，男友不能接受她割伤自己的习惯，她就转而
开始暴饮暴食。其实，还有其他几种形式的进食
障碍也可以被视作自我伤害，包括严格限制影响
体重的饮食和物质消耗。

我从上中学时就开始割自己的手腕和前臂了。我一直
想在初中阶段的考试里拿满分。如果做不到，我就会对自
己非常生气，在班里崩溃大哭。每次我这样做，老师都会
很不高兴。于是得不到想要的满分时，我就开始割伤自己。
满分 100 分的考试，低于 96 分我就会这样做来惩罚自己。

这些对考试成绩的期望是我自己设定的，我一直想在
班上名列前茅。所以，只要拿不到前两名，我就会很痛苦。
割伤自己不仅是为了惩罚，也是为了提醒自己，如果不想
感到痛苦，就必须在学习中更加自律。我不记得这种行为
最初是怎么开始的了。

妈妈对我一直没结婚感到耻辱，也很担心；姨妈也一
直告诉我不要要求太高。虽然我和现在的男朋友在一起，
但我对他没有好感。我认识的每一个人都有对象，已经订
婚或是结婚，只有我是例外。

从那以后，我就从割伤自己转向了暴饮暴食。这都是
因为我现在的男朋友。我真的不喜欢我们在一起做的很多

事情，所以我割伤了自己。他看到了，然后告诉我，如果下次他再看到我手上有伤痕，他也会割伤自己。这是一种威胁。

暴饮暴食也是为了让我从压力中解脱出来。

听到男孩子们说我苗条，会让我感到很有压力。我知道男人是怎么想的，他们评价一个女孩瘦，其实就是在说她身材不好，没有大胸。他们总会取笑女孩子。所以每当有男人说我瘦，我都会非常生气，我知道他们在暗示什么。

应对焦虑和痛苦

我们已经了解到，割伤自己是一种拥有和掌控身体的方式，也是一种应对不安情绪的方法。当一个人因为他人感到沮丧，因为自己复杂又无法控制的需求感到不知所措时，有一种解决办法就是转向自身，开始攻击自己的身体。把情感痛苦转化为肉体痛苦的行为，模糊了肉体和情感自我之间的界限。

许多割伤自己的青少年都把割伤作为一种应对眼前困难的方式。导火索可能来自家庭内部的争吵，也可能来自好朋友的"绝交"威胁。当情绪压力达到无法承受的程度时，自残就成了一个方便的安全阀，流血的伤口会让人立即从麻木和死寂中解脱，感觉自己又活过来了。

引发自我伤害的事件往往源于青春期早期的经历，其根源在于内心的旧伤和心理模式。当一个人对受虐待的经历做出反应时，这种创伤就会被吸纳到他的潜意识里，伴随他终生。这种精神障碍出现在青春期，其特点就是，孩子会觉得攻击自己的身体是表达不可名状的痛苦的唯一方式。

许多伤害自己的人都生活悲惨、混乱，不断失去，感到郁郁寡欢。而割伤自己是一种得到他人关心的有效方式。以轻蔑和不屑的态度对待自己的肉体，为他们提供了一种方法，得以绕过人际交往的正常过程，不必体验与他人协商自己需求时的脆弱感。毕竟，向内攻击自己比向外攻击别人更安全。

卡罗尔谈割伤自己的习惯

卡罗尔回忆了小时候的一次创伤经历如何触发了她割伤自己的习惯。从那以后，她一直用这种方式来释放生活中的紧张情绪。

那时我弟弟正在努力适应工作。他是个娇生惯养的孩子，父母和我有什么事都帮他，但工作以后，他不得不面对工作中的欺凌和成年人的复杂世界。他独处，自言自语，在公共场所的墙上写满了脏话。他的笔迹很好认，我们一眼就能看出是他干的。

有一天晚上，他回家晚了。到家后，妈妈问他是不是又在墙上乱写字了，他便对着妈妈大喊大叫。我从房间里出来责骂他粗鲁无礼，他失去了理智，用手掐住我的脖子，对我大喊大叫，说要我去死。

听到唯一的弟弟说要我死，我的心都碎了，内心所有的消极情绪突然像火山爆发一样喷涌而出。我只能听到脑海里有个声音，告诉我去拿刀。我走回房间，拿起一把小刀，又走到他面前，当着他的面说："既然你想让我死，我就死在你面前！"

我砍伤了自己，血从手腕上一道6厘米长的伤口喷出。弟弟的房间里血迹斑斑，妈妈吓得泪流满面。但弟弟并没有受到影响，仍然怒气冲冲，大喊大叫。爸爸从房间里出来，对他大吼让他安静，然后把我送到了医院。

那晚我的心死了。伤口很深，离我的主肌腱只有几毫米，但我完全没有感觉到伤口的疼痛，只有心痛。我从来没有原谅过弟弟，也从来没有原谅过自己。我伤了父母的心。我本可以用小刀刺向弟弟，但我没有，因为他是我弟弟。

在一些青少年精神崩溃的案例中，他们把身体当成了所有情感和幻想的发泄渠道。有交际困难的青少年有时觉得自己好像陷入了成长的僵局，既无法进入成年期，也不能回归依赖模式。

攻击身体是应对陷入僵局的不确定性和焦虑的一种方式。割伤自己的人会觉得，过去的痛苦可以被抹去，而另一个更快乐的自己现在可以活过来了。自残可以是一种象征性的行为，用以展示人的自主性，以及对自己生活的控制。孩子可能觉得自己缺乏对生活的掌控，而在伤害自己的过程中，他至少能控制自己何时以及如何制造痛苦。

也许听起来很矛盾，但自残行为实际上反映了一个人继续生存下去的欲望和意志。割伤自己是一种分散注意力的策略，它能释放被压抑的情绪，让人恢复平静。身体上的痛苦也会让人从一直困扰自己的情感麻木中摆脱出来，感到自己又活过来了。一位患者曾告诉我：

> 这种感觉难以形容。当我割伤自己的时候，有种解脱的感觉，因为我心里的痛苦转移到了手臂的伤口上。但是，我也会害怕身体的疼痛，所以不会割得太深。

我们并不太清楚那些自残的人会在何时、何地、向谁求助，但研究似乎表明，朋友是他们主要的支持来源。有些人担心，青少年向同龄人求助后，可能便不会继续去寻求更专业的帮助了，特别是在同龄人也有自杀倾向的情况下。

寻求帮助的困难

当今世界，自我伤害行为并不被文化和社会所接受。现实情况是，一旦自我伤害的行为被揭露，孩子很可能会被带去接受专业人士的照顾，被视作精神失常或是寻求关注。这是青少年抑郁群体寻求帮助的主要障碍。

许多医疗保健机构的专业人员也会被患者的自残行为吓到。他们可能没有充分理解患者自残背后的心理，因此，面对不断伤害自己的患者，医护人员的体贴和同情也会被磨平。对患者内心痛苦的同理心让他们相信自己有能力帮助分崩离析的患者。但是，他们并没有把患者的自我伤害看作一种沟通个人创伤的方式，反倒觉得自己受到了患者的操纵。当患者意识到自己的呼救在别人看来只是在博关注时，就会进一步加重他所受到的伤害。

瑞秋谈为自我伤害寻求帮助

瑞秋从小就自残，她曾经哀叹：像她这样的抑郁症患者为什么很难获得帮助呢？究竟该怎么做？在访谈中，她表达了自己的观点，认为人们应该转变思维方式。

我承认割伤自己在某种意义上是矛盾的。你在伤害自己，同时也是在拯救自己。很多人并不明白这一点。

我觉得如果从单纯的角度来看我们，就会很好理解。即便是我的导师也和其他人一样，不管她有多开放，每当我和她谈论某些事情时，她就会从成年人的固有思维出发。所以她会以一种不同的方式看待和解读问题，要么反应过度，要么毫不在乎。很多人，不仅仅是她，根本无法这么单纯地看问题。

他们没有意识到我们是一群有问题的年轻人。自残是他们最不应该担心的事情，这只是一种症状，本身并不是必须解决的问题。

但是对我的导师来说，自残是非常严重的事。我告诉她："不，这很常见，不是只有割腕才叫自我伤害。"我一直告诉她，没必要担心我伤害自己这件事。其实，如果我避而不谈，她才反而应该担心，因为如果真的是那样，她就不知道我接下来要做什么了。

人们在伤害自己的时候，其实是试图做些什么来对抗内心的恶魔。如果他们不伤害自己，什么也不说，恶魔才会吞噬他们。所以我告诉导师："当我割伤自己的时候，并不是想自杀。你可能觉得我不知道，如果纵向地割前臂，我就不会死。如果我要自杀的话，必须得横着割血管。我们其实都知道，我们要做的是拯救自己，而不是自杀。"

如何帮助自我伤害的孩子

作为看护人，我们只需要明白，自我伤害行为是人们管理艰难内心状态的一种方式。他们觉得自己过去被伤害过，而那种伤害又在自己身上重演了。作为成年人，我们必须避免评判或羞辱青少年。说些"你知道你在让父母承受什么吗"之类的话毫无帮助，只会让孩子对自己的行为感到内疚。毕竟，正是因为他们无法处理自己的情绪，才会伤害自己。如果他们因为自己的所作所为感到羞愧或受到评判，很可能会更进一步地伤害自己。

提供有效帮助的基本原则之一是支持孩子自己解决问题。我们可以从重视孩子自我伤害的习惯开始。一个人表现出的行为很可能就是他应对痛苦的方式，所以问问孩子感受如何，探究孩子潜在的问题，会有所帮助。孩子可能知道，自我伤害只是解决痛苦的短期办法。帮助孩子思考怎么做事情才会好转，找到解决情绪问题的长期办法才是正解。我们要帮助孩子设定一个可以通过努力实现的目标。当然，这需要时间。

我们不能妄下评判。如果一个青少年很担心我们对他的自我伤害行为会作何反应，他就很难对我们敞开心扉。如果孩子准备好了和我们分享自己的问题，那么不管我们是否能接受孩子的所作所为，都一定要尊重他告诉我们的一切。因此，带有同理心的倾听是提供帮助的关键。我们需要提醒自己，自我伤害不是问题，而是对生活中其他问题的一种反应。这些问题可能来自考试压力、校内欺凌、儿童虐待、经济担忧，又或者仅仅是自卑。在如何更有效地解决这些问题方面，才需要给予孩子更多的情感支持。

很多时候，父母或看护人并不关心孩子的生活，只想让孩子别再伤害自己。虽然孩子可能理解他们所传达内容背后的逻辑，但这些建议不太可能起作用。伤害自己的人通常希望有人能跟他聊聊自己的情绪，而不是听到别人对自己的评价。一旦发现自残行为，许多父母的反应往往是把所有刀都藏起来。这通常只会适得其反。父母藏东西向孩子传递的信息是不信任。这是一种居高临下的行为，可能会进一步破坏亲子关系。

父母另一种常见但不明智的反应是，告诉孩子要带他去看医生。这会让孩子联想到被关进精神病院的恐惧。这种威胁会让孩子变得更加焦虑，因为他会感到对自己生活的控制力在下降，从而进一步加剧自我伤害。父母最好相信孩子能控制自己的伤害行为。孩子需要的是重建自我价值和自信心，为此，他需要成年人的精神支持，同时学习如何处理自己的情绪，掌控自己的生活。

基于这种理解，建议家长一定要从发现孩子自残行为后的困惑和恐慌中解脱出来。我们要保持冷静，集中精力用急救措施处理伤口。我们应该帮助青少年认识到，自我伤害所带来的解脱是暂时的、短暂的。不然，就像是在需要缝合的伤口上贴创可贴，于事无补。

心理治疗师会使用各种方法来帮助患者控制自我伤害的习惯。方法一：识别出想要伤害自己，但并未做出实际举动的情境。"最近一次忍住割伤自己的冲动时，你做了什么"这样的问题通常是很有价值的，它有助于进行积极的自我反思，洞察自己的心理。用来及时克制自己的方法可以是深呼吸，或是把关注点集中在别的事情上，分散自己的注意力。不管是什么技巧，孩子都可以逐渐寻找能够安抚自己，而不伤害自己的方式。

方法二：令伤害最小化，帮助孩子找到逐渐减少自我伤害频率的方法。这个方法的关键是让孩子找到其他情感宣泄方式。可以理解，这将是一次漫长而艰难的旅程。因此，不宜给孩子施加过大的压力。令伤害最小化的方法只能用来管理和减少伤害。我们需要认识到，只有当一个人在心理上准备好的时候，他的自残行为才会停止。

方法三：帮助孩子找到割伤自己的替代品。例如，他可以用一支红色记号笔画出经常割伤自己的位置；或是把冰块放在标注的位置上；又或者，可以把橡皮筋绑在手腕和前臂上，通过弹橡皮筋产生一种轻微的疼痛感，而非一定要割伤皮肤。

方法四：帮助孩子找出自己的认知扭曲，并给予积极引导。有些时候，孩子可能是通过自我伤害来调节情绪，让自己远离心理上无法控制的愤怒、焦虑和空虚。有时，如果觉得自己没有取得满意的成绩，孩子也会把自我伤害当作一种惩罚的手段。另一些时候，割伤自己可能被当作一种建立更坚实自我意识的手段。一旦搞清楚孩子为自我伤害找了什么样的理由，作为父母和老师，我们就可以加以引导，对他的自我辩护提出质疑。这会让孩子的思维方式出现转变。举个例子，我们可以质疑他为什么觉得自己理应受罚，或者为什么觉得自己缺乏身份认同。只有挑战他的理论基础，才有机会让孩子重新审视自己的结论。我们应该承认，自残是孩子应对内心愤怒和控制情绪的方式。如果我们能说服孩子，让他意识到用伤害自己来化解愤怒是一种代价极高、效果持续时间极短的方式，可能会对他有帮助。

第七章

治愈之路上的阻碍

诚然，想要找到摆脱焦虑和抑郁的方法并非易事。青少年要想走出"地狱"，做出改变，就必须激励自己。不过，焦虑也有常常被我们忽视的积极一面。要想获得成功，就必须学会控制焦虑，让焦虑为我所用，而不是被焦虑控制。如果把精力集中在未来渴望实现且有可能实现的事情上，这个既定目标就会焕发出强大的力量。

但是，并非每个需要摆脱困境的人都做好了向前迈进的准备。有些人会抱怨，他们已经筋疲力尽了，累到无力寻求帮助。最近，我在一次研讨会上做了一个励志演讲，演讲过程中，前排的一位年轻女士打断了我，说我的建议属于"说起来容易做起来难"。我大吃一惊，但也很快意识到这绝非她一个人的问题。在那之前，我也遇到过不少患者，他们觉得除非有奇迹发生，不然谁也没办法把他们从痛苦中解救出来。

因此，在最后一章，我把重点放在借口的本质和隐含意义上，特别会提到两个"荒谬"的借口。

"说起来容易做起来难"

很多时候，我们对在困境下寻求帮助的人提出了很好的建议，但他们却总会找出种种借口不愿付诸行动。我们经常听到类似"说起来容易做起来难"这种令人困惑的借口，几乎像是下意识地脱口而出的。这会让提供帮助的人感到震惊：为什么有人会找借口扼杀自己的成功梦想呢？

但凡需要努力的事都会遇到阻力，这是人之常情。在现实生活中，任何值得实现的目标都离不开个人的努力。如果有什么灵丹妙药、捷径或者巧妙的办法，能让你在生活中直接得到想要的东西、成为想成为的人，而不必付出额外的努力，那不是很好吗？答案是一个响亮的"不"！毕竟，这世上有哪件事不是说起来容易做起来难呢？

任何成就的价值都与实现它所需的努力直接相关。真正的价值应该在旅途中，而不是在目的地。一个相信自己不费工夫就能摆脱焦虑的人，很有可能在面对下一次人生挑战时，又将退回到同样的焦虑状态。

"说起来容易做起来难"是一个可悲的借口，其背后的真实想法是害怕失败，因此通过找借口把可能失败的原因从关乎自我核心的因素转移到非核心因素。这是一种保护自尊和自我价值感的防御机制，也是一种预期将会失败时的沟通策略，试图推卸自己对未能采取行动或接受不如意结果的责任。

"说起来容易做起来难"借口背后的问题在于成功的可控性。一个人如果对某件事没把握，预期自己可能要为失败埋单，就会以此为借口告诉别人这不是他的错。这样一来，他就把失败的原因从内部因素转向了外部因素，降低了自己对可能产生的负面结果的责任，也能更好地控制自己的情绪。这样，他就能更好地保持自我形象，也能避免其他因素加剧自己的焦虑情绪。

找借口的欲望由两个相互矛盾的想法触发：我是个好人，却要对一次失败的结果负责。人们总是想强调前者，弱化后者，其实就是自欺欺人。通过强调任务难度这一外部因素，人们重新定义了自己的表现，即便个人表现不好，看起来似乎也没那么糟了。

我要提醒所有青少年，生命就是关乎生存和成长的过程，而不是为了得到什么。克服焦虑和抑郁是一次个性化的旅程。在这一过程中，人们不断成长，不断分化，成为社会上不同的个体。摆脱抑郁这种大事，相较于生活中的许多日常琐事，自然需要付出更多的努力。青少年应该对挑战心存感激，因为这是寻找人生意义的良机。如果发自内心地想探寻生命的意义，自然不会在意要付出多少努力。我们需要信心，而非借口。马丁·路德·金（Martin Luther King）曾说过，衡量一个人的根本标准，不是看他在舒适安逸时采取的立场，而是看他在面临挑战和争议时的立场。挑战会教会人们新的技能，激励人们做出最好的表现。

如果青少年不知道如何摆脱抑郁，就应该立刻去学习这件事。如果觉得太浪费时间，就更应该马上行动。错误的方法是告诉自己，等我重新振作起来了，就开始行动。其实，振作起来的方法就是立即采取积极的行动。孩子可能还会找借口说不知从何开始。在这种情况下，就要设想一下摆脱抑郁的最终目标，然后马上着手做一些朝着目标努力的事情。

走出抑郁的过程能把一个人带入更高的生活水平。"说起来容易做起来难"的说辞对个人成长和自我价值没有任何意义，只不过是在宣告一个可以适用于任何事的万能真理，而且会削弱激励信息的作用。也有观点认为，有些事

情说起来容易做起来难，而有些事情做起来比较容易。这
完全是一种错觉，如果我们武断地把做某件事的价值与只
是嘴上说说的难度相比，其实已经不公正地贬低了做这件
事的价值。

"我试试"

通常，不情愿努力的人找不到别的借口时就会说：
"我试试。"有趣的是，这句模糊的表达给人的印象是这个
人承诺要努力，但其实已经埋下了一个借口。

尝试并不等于做。那些嘴上说会试试看的人，其实是
在暗许自己的失败。尝试包含了对失败的预期，所以我们
虽然说了要试试，其实并不需要做成任何事。"尝试"这
个词表达的是想要做某事的冲动，但不一定真的会做。同
理，当我们说会试试看的同时，已经为自己编写了失败的
剧本。不管结果如何，我们都可以声称自己"试过了"，
最终的结果就是一次自我实现。

承诺完成一项任务，和不指望能成功的"试试"，两
种表述是有着实质性区别的。努力试一试的说辞给自己留
了一条退路，允许自己有失败的可能，万一失败也不必受

到指责。而真正想达成目标的人只会说："我会去做的。"他们下定了决心去做，愿意把时间和精力奉献给自己相信的东西。关键问题再次落在了个人责任上。

还有其他许多逃避式的表达方式也传达了类似的信息，比如"我会努力的""我会试试看""我会给它个机会"。但是，这些表述只有在行动之后、达成结果之时才有意义。行动前说这些话，不过是在掩饰自己缺乏担当。

责任与承诺

责任是评判大多数人类行为时的主要考量。我们对一个人最高的称赞之一就是说他有责任心。这意味着他接受、履行了自己的职责和承诺，也将为自己的行为承担后果。而说一个人不负责任，则是一种严重的谴责，意味着他不可靠、不值得信赖，困难的时候也不能指望。不想被人贴上不负责任的标签，其中一种方法就是控制自己做出承诺的力度。

　　尝试是一个人所能做出的最无力的承诺，这背后隐藏了无尽的借口，让自己可以逃脱责任和义务。当一个人说"我试试"的时候，其实已经备好了一条逃跑路线，甩掉了自己达不到预期结果的所有罪责。这是一种适得其反的做法。如果想要努力摆脱焦虑和抑郁，就必须全力以赴地达成想要的结果，告诉自己失败并非可选项。不仅要尝试，还要实际行动起来，而且要动作迅速。行动越快，得到的效果就越好，也会越来越喜欢自己。越喜欢自己，自尊心水平就越高，自制力和成功的机会也就越大。

参考文献

Allen Schwartzberg. *The Adolescent in Turmoil (Monograph of the International society for Adolescent Psychi)*. Praeger, 1998.

Anna Motz. *Managing Self-Harm: Psychological Perspectives*. Taylor & Francis Ltd, 2009.

Carol Fitzpatrick. *Coping with Depression in Young People: A Guide for Parents*. Wiley, 2004.

C.R. Synder, Shane J Lopez. *Handbook of Positive Psychology*. Oxford University Press, 2005.

Gavin J Fairbairn. *Contemplating Suicide: The Language and Ethics of Self Harm*. Routledge, 1995.

John Bowlby. *A Secure Base: Parent-Child Attachment and Healthy Human Development*. Basic Books, 1988.

John Cowburn. *Love (Marquette Studies in Philosophy)*. Marquette University Press, 2004.

Jon P. Bloch. *The Loveless Family: Getting past*

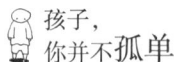

estrangement and learning how to love. Praeger, 2011.

Kentetsu Takamori, Daiji Akehashi, Kentaro Ito. *You were Born for a Reason: The Real Purpose of Life*. Ichimannendo Publishing, Inc., 2006.

Kupshik G.A, Murphy P.M. *Loneliness, Stress and Well-Being: A Helper's Guide*. Routledge, 1992.

Mihaly Csikszentmihalyi, Reed Larson. *Being Adolescent: Conflict and Growth in the Teenage Years*. Basic Books, 1984.

译后记

　　2021年11月17日，北京，霾，轻度污染。诚然，近几年北京的空气质量已经有了很大的改善，但撞上偶然的雾霾天，还是会感到心情压抑，提不起精神工作。每每这时，我都不禁问自己：不会是抑郁了吧？

　　因为工作缘故，我与合作的译者孙瑾老师都长期接触高校学生，也时常听到身边的家长和老师抱怨现在的孩子不好管。在当下快节奏的社会，青少年面临的各种升学、就业压力与日俱增，很多孩子心理脆弱，受不了任何挫折，一旦遇到考试失利、家庭关系不和、同学关系紧张、失恋等逆境就容易情绪崩溃，甚至走向抑郁。抑郁症对青少年的影响似乎远远超出我们的想象。国内各大中学、高校因心理问题导致的辍学率、休学率连年攀升，社会关注度也日益提升。不少青少年在青春期的某些时刻或多或少都会被抑郁症状所困扰，这给青少年带来的不仅是简单的喜怒无常、孤僻厌食，或是学业问题，更会影响他们生活的方方面面，甚至从根本上破坏青少年的自我身份认同，造成无法挽回的后果。

但另一方面，我们真的了解孩子，真的能准确辨识抑郁症吗？很多因抑郁症或焦虑放弃学业的孩子，表面上看起来与常人无异。我们不禁会质疑，这些孩子是真的病了吗？还是青春期的无病呻吟？抑或只是表达态度的一种方式？前段时间，某位高校老师曾与我分享了一次"乌龙"事件。十一假期后，班上有位学生在朋友圈发布了一条"假期结束了不想上学，抑郁了"的动态，辅导员和班主任立马紧张起来，连夜联系学生了解情况。事后发现，这只是学生的一句玩笑话，但还是让老师们紧张了好一阵子，相互叮嘱近期多关注这个学生的举动。在这里我为两位老师认真负责的工作态度点赞，同时也不免担心：过度的关注会不会无形中给学生带来额外的心理压力？

当我与孙瑾老师拿到本书的英文原稿后，不约而同地认为本书恰逢其时，是关注青少年心理健康的一本好书。本书篇幅适中、语言通俗易懂，让作为看护人的家长和老师可以用较短的时间理解并辨识抑郁症，了解抑郁症产生的根源，并以合理有效的方法进行干预，帮助孩子走出困境。如本书第一章中提到：青春期的孩子总是回避父母，不愿与父母交谈。遇到这种情况，父母不必追问孩子。相反，可以通过电影、小说、摄影、体育或者其他共同的兴趣爱好与孩子建立联系。通过这样的方式，不必窥探孩子内心深处的忧虑，就能让他们慢慢敞开心扉。

本书还引入了大量的真实案例，诸多抑郁症患者在治愈后以第一人称娓娓道来，讲述自己的心路历程，更能让读者感同身受。如遇类似情况，也有了最简便的操作指南。如本书第六章讲述了女孩瑞秋在自残时的真实心理活动，意在让读者了解自我伤害行为，理解自残是一种求救信号而非自杀意图。类似这样的内容在本书中不胜枚举，让家长在面对孩子的心理问题时，不再束手无策。

正如上文所述，抑郁症是可以被治愈的。父母的倾听、支持和关爱可以极大地帮助孩子战胜抑郁，让生活重回正轨。其实不仅是青少年抑郁症患者的家长，每位父母都应积极思考如何与孩子相处，思考何为正确的教育方式，防患于未然。作为一个孩子的父亲，本书的翻译过程对我也是一次难得的自我反省之旅，从中汲取了很多养分，在此抛砖引玉，与读者朋友共勉：

第一，理解无条件的爱。本书中，作者认为父母无条件的爱，是为了向孩子展示父母是什么样的人，而非父母做了什么。对孩子无条件的爱并不意味着我们要盲目接受孩子的不当行为。我总结下来，核心在于——爱，却非溺爱。作为家长，我们不能在满足孩子基本的物质需求后，就对他们漠不关心，无视他们的情感需求，而要让孩子感受到爱的氛围；与此同时，又不能过分溺爱，娇惯的孩子长大后会变得无视他人、无视法律、无视生命，这样的悲剧也比比皆是。

第二，耐心倾听孩子的心声。本书英文版的封面上有一句话："倾听青少年抑郁患者的心声"，这一核心思想贯穿全书。其实无论孩子是否身患抑郁症，我们都应学会倾听他们的心声。只要孩子愿意与我们交流，哪怕分享的是一件错事或是错误的想法，我们也要控制住烦躁、说教、批评或大骂的冲动，学会耐心且富有同理心地倾听。

第三，学会尊重与引导。本书第四章中提到了四种父母教养方式：权威型、专制型、放任型、忽视型。其中，权威型父母回应积极，要求严格，用爱与感情管教孩子。他们会向孩子解释自己的规则和期望，而不是简单地把规则强加给孩子。这点对我很有启发。孩子在成长过程中渐渐地形成了自我观念和自我认知，作为家长，我们应多加尊重和引导，不必要求孩子盲从，用强制性的手段、语气或体罚来试图控制孩子；更不能不加以管教、忽视甚至漠视孩子的物质与情感需求。

就在我为本书撰写译后记的前两天，很高兴看到了教育部对全国政协《关于进一步落实青少年抑郁症防治措施的提案》进行答复的新闻，明确将抑郁症筛查纳入学生健康检查内容。国家已认识到青少年的抑郁症预防教育对实施素质教育、促进青少年全面发展、保障青少年身心健康的重要性，并采取了相应行动。本书的出版也十分应景地响应了国家这一重大举措，不胜荣幸。值此之际，也感谢东方出版社鲁艳芳老师的信任，将本书的翻译工作交于我。